谋定而动
如何拥有想要的人生

许顺东/著　刘亦佳/图

北　京

冶 金 工 业 出 版 社

2025

图书在版编目（CIP）数据

谋定而动：如何拥有想要的人生 / 许顺东著．

北京：冶金工业出版社，2025．4． -- ISBN 978-7-5240-0120-1

Ⅰ．B821-49

中国国家版本馆CIP数据核字第20259XK350号

谋定而动　如何拥有想要的人生

出版发行	冶金工业出版社	电　　话	（010）64027926
地　　址	北京市东城区嵩祝院北巷 39 号	邮　　编	100009
网　　址	www.mip1953.com	电子信箱	service@mip1953.com

责任编辑　宋　丹　美术编辑　彭子赫　版式设计　郑小利
责任校对　王永欣　责任印制　范天娇
宝蕾元仁浩（天津）印刷有限公司印刷
2025 年 4 月第 1 版，2025 年 4 月第 1 次印刷
710mm×1000mm　1/16；16.5 印张；206 千字；252 页
定价 58.00 元

投稿电话　（010）64027932　投稿信箱　tougao@cnmip.com.cn
营销中心电话　（010）64044283
冶金工业出版社天猫旗舰店　yjgycbs.tmall.com
（本书如有印装质量问题，本社营销中心负责退换）

　　许顺东，阿里巴巴众多优秀人才中比较凸显的一个。这种凸显不仅体现在工作上，更展现在她丰富多彩的人生阅历、永远探索新鲜事物、挑战自己能力边界等方方面面。出书，既是自我挑战，也是为了激发他人勇敢地发掘自身的无限潜力。

吴倩

阿里文娱副总裁/优酷首席运营官

　　和许顺东老师相识是在12年前。通过一次简单的见面沟通，许老师就答应成为传媒梦工坊的公益讲师。之后的每一年，她别开生面的互动式分享都让来自世界各地高等学府的同学们津津乐道。每年见面，她都有新消息：这一年她完成了上亿元成本的项目落地，那一年她完成了超过20万字的写作，又一年她涉足私募投资，再一年她成功加入央企成为高管……年年都有新变化，她的动力、活力和魅力让身边的朋友为之仰望。

靳宝强

梦工坊青年人才发展中心理事长

喜欢许老师，因为我从她身上看到了生活的无限可能；喜欢许老师，因为她不遗余力为公益事业服务；喜欢许老师，因为她和我们年轻人能够同频共振；喜欢许老师，还因为她让我们直呼她的名字……我也想活成许老师的样子，阳光、善良、年轻、通透……这些词用在她身上丝毫没有违和感。

尹涛
主持人/音乐人

在中国科学院心理所一起学习的同学里，许顺东是独特的存在。只看名字，会以为她是男生，她也真的具有"雌雄同体"的属性。她有职场搏杀的气势，也有温柔贴心的禀赋；她走南闯北阅人无数，有包容万千的同理心；她游历世界体验生活，不浪费分秒地体味人生；她敏锐捕捉时代脉搏，买房、投资、进大厂、入央企，每一次的选择都正当时。

一步一步精准的超前规划让同学们艳羡不已。我知道她成功的秘诀，女性的韧性在她身上展现得淋漓尽致：她用以终为始的思维确定梦想目标，她用坚定的执行力将目标扎实落地、让梦想照进现实。

格格
作家/格格读书会创始人

序
谋定而动，过有力量的人生

成为理想中的自己是每个人都想达到的境界。理想中的自己是个体自洽，关系练达，自处时内心丰盈，和他人共处能相互滋养的人。如何到达理想之境呢？关键在于不断地进行"加"与"减"，将不如意一一减掉，心向往之的元素一一加入，顺其自然的理想之境就在眼前。

我的理想人生，就是从暗下决心减掉每一个"尴尬瞬间"开始的。

第一个刻骨铭心的尴尬瞬间，是我第一次离开出生的小山村到保定与姐姐会合时发生的。姐姐骑自行车带我去逛从没有去过的大商场，我坐在车后座。到了一个十字路口，姐姐对我说："哎呀，有警察，你快下来，走过去，我前面等你。"没有丝毫城市交通概念的我赶紧跳下后座，跟着自行车流茫然继续向前走。远远传来一声比一声长、一声比一声高的呼喊："嘿，嘿，你！你！就是你！"转头，我看到警察正着急地冲着我这边喊。第一次来到城市的我根本不懂红灯时需要停下，不懂绿灯了可以走，不懂行人需要走在斑马线上。因为，在我出生的北韩村，当时根本就没有红绿灯和斑马线！

这件事虽然发生在很多年前，但仍历历在目。

高大威猛的警察远远地指向我，小小的、稚气的、无助的我被定格在瞬间。车子呼啸着从身边经过。几乎石化了的我，感觉好像被隔离在了上一个世纪，对当下陌生而疏离。

但，尴尬，并没有阻挡我迈向世界的脚步。就这样懵懵懂懂、跌跌撞撞地，我从河北省保定市涞源县的北韩村走出来，到保定，到石家庄这样的省会城市，还到首都北京，甚至温哥华。

一路上，我遇到过各种各样的尴尬时刻，但也收获了无限风光。我成为保定电视台最年轻的制片人，成为北京电视台生活频道的节目总监，成为加拿大新移民协会的学生专员，成为加拿大凯文迪士度假区的总经理，成为阿里巴巴大文娱的高级制作人，成为中国移动咪咕视讯资深规划专家……

我所学的专业知识包括生物学、电视艺术、人力资源管理、烹饪艺术、心理学；我担任梦工坊导师，担任吉利大学兼职教师，担任《广播电视新闻编辑》教材副主编，是中国电视艺术家协会新媒体委员会副会长；我游历了包括南极在内的世界各地，学习跳伞、潜水……

人生，就是一场不断折腾的由荆棘和鲜花组成的冒险之旅。人在成长的过程中一点一点减少尴尬，同时一点一点增加自信，每天改变一些。

那个小时候手脚被冻伤的青涩小女生，依靠在人生十字路口的无数次智慧选择，已经成长为一位通透自由、体验丰富、内心丰盈的大女主。

理想的人生既涵盖时间、健康、能力的内三角优化，也包括家庭、职场、朋友关系的外三角拓展。人生系统，就在双三角的内外兼修中得到提升（见图0-1）。内外兼修，游刃有余。

走好每一小步，积跬步以成千里。路途，繁花似锦；终点，风光无限。也许有人会质疑，时代变了，你的经历对当下还适用吗？适用！因为我分享的信息，不是以我的经历制胜，而是以我的经历总结提炼出的具有规律性的方法论帮助我们人生制胜。

内外兼修的方法论，宛若支配世界运行的科学定律，永不过时。我靠这样的方法论在当下依旧驰骋纵横。

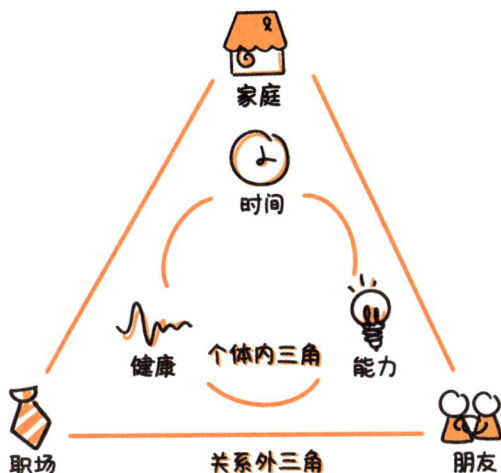

图0-1　个体内三角和关系外三角

　　在职业发展上，我虽然人到中年，但是并没有中年焦虑，依然在工作中发挥中坚力量且游刃有余，因为我总结了"职场赋能"的重要原理。

　　在财富积累方面，我没有躺平，而是运用自己的原始积累，紧随投资热点，积极融入各种新兴副业领域，帮助年轻人在现有的境遇中开启新的"财富积累"之门。

　　在个人成长上，我没有停滞在舒适区，而是深入"最时兴的前沿"，利用AI打造自己的第二大脑，近距离观察数字游民生活，并在尝试打造个人IP……

　　我指导陪伴的伙伴们，她们也在运用我的方法论将生活过得有滋有味。

　　成为理想中的自己，是每个人都能够达到的境界。

　　请你也加入进来，我们一起做些加加减减的选择游戏，一起怀揣好奇心去探索世界，一起活出理想中的自己！

目 录
CONTENTS

上篇｜超级个体养成

| 下篇 | **增益关系构建** |

超级个体养成

时间、能力、健康，共同构成卓越个体的黄金三角。

时间，如果被看作橡皮泥的话，它在不同的人手里，可以被捏塑成不同的模样。早晨醒来的一个小时内，有人抑郁着度过，有人喜乐着度过；同样的半年，有人快速启动了新项目，有人持续沉浸在思绪里找答案；一生的时间里，有人过得风生水起，有人始终在遗憾……掌握了有效捏塑时间的技巧，即是掌握了生活的韵律：它让你在关键时刻做出正确的选择，在同样的时光里成就更多，即便推进的是日常琐事，也能展现出更高的效率。

能力，是自我实现的工具。它无声地书写着我们的生活剧本。高能力者获得更多升职加薪的机会，获得更多高能力者的认可和赏识，从而拥有更多的选择，主宰人生。知识、技能、智慧和人格完善，这些方面如同钻石一般，需要不断被打磨才能发出耀眼的光芒。能力既可以在设定目标、行动控制以及持续复盘中获得长足进步，也可以在看似琐碎的日常事务中得到提升。

健康，是我们活得自由通透的基础。它时时刻刻在影响我们的日常生活。健康者能够无惧每一个挑战，亦能享受每一刻美好。理想的健康，不仅是身体强壮，而且内心平和。很多人视健康为理所当然，但实际上健康需要我们像呵护花朵一样细心养护。一餐一饮、一呼一吸、一念一动，都在增减益损中影响着我们的身体、思绪和状态。注意每一个小细节，通过日进一寸的调优，养成日常习惯的健康行动，从而拥有强健而持久的良好身心状态。

理想的自我并不遥远，就隐藏在每一个微小的选择之中。

每一个普通的当下，都是我们塑造理想自我的重要时刻。

出发，去探索如何捏塑时间、打磨能力并呵护健康。理想自我就在眼前。

第一章

CHAPTER 1

时间

如橡皮泥一样捏塑它

早上九点半，是一天内的黄金时间。打开电脑，张楠准备完成今天的工作任务——写一份综艺用户洞察分析报告。这是下周要向客户提案报告的重要前缀部分，对金主爸爸的服务不能马虎。

张楠，圆圆脸庞，鼻梁上架着一副黑框眼镜，留着齐刘海儿的齐耳短发，所以被大家亲切地称呼为"波波头"。

今天的计划很明确，先组织报告的框架结构，进行大数据的分析，然后填入用户调研的论据论证，最后强调结论。报告就这样写成了，简单。组织报告框架结构时，波波头想搜索一下有没有最流行的词汇可以表达一个具有情绪价值的观点，于是，她打开搜索网页，在搜索框中输入"流行词汇，情绪价值"。手指要敲击键盘确认的时候，她的眼光被搜索框下面的《让你越来越焦虑的12个坏习惯，很多人都在重复第3条和第5条》这一炫目标题所吸引，无数疑问冒出来：第3条和第5条是什么？我也有这样的习惯吗？一共12个习惯，都是些啥玩意儿呢……

就看一眼！

鼠标不由自主地转移到标题，咔哒一声，波波头瞬间被带入了信息的海洋世界，如一条鱼儿徜徉在海洋里，被诱饵牵引着。她顺钩而动，全然忘记了当初点开搜索网页时要做的事情。《今年火了一种穿法，上半身开会、下半身约会》，"怎么能够美美哒，这个技能我需要"；《对谈97年赚钱狂魔》，"赚钱，谁又不想呢"；《恋爱脑的五大特征！看看你中了几条》，"我是不是被说中了的那一个"……

情绪完全被一篇篇爽文左右着，海量诱惑面前，波波头没有逃出的余力。

忽然，屏幕上跳出一条信息提醒："亲，今儿中午可以一起吃饭吗？好久没有畅聊啦！"沉浸在吸睛文字中的波波头被拉了回来，心想：频繁出差的合作部门的同事今儿终于在北京啦？！那是不容错过的饭局呀。"哎呀呀，你终于终于终于回来啦！没问题没问题，和你一起吃饭，必须有时间呀！"张楠立刻回复。"你这次想吃啥？""我没啥特殊需求！你定。""好的，我来找找看能不能开发出新的好吃的地方。""好嘞。""等我发你链接吧！"

接下来，游走在美食的点评信息中，波波头的时间又溜走了十余分钟。

"你的报告怎样了？啥时候我们先过一下？"上级的对话框呈现在屏幕的右上方！

张楠的注意力从点评信息的海洋中被抓了回来。"天哪，这可怎么办？我还只字未写，只是在头脑里画出了框架！"

时间，已经过去了一个小时。时间，就这样悄无声息地溜走了。

"我的时间怎么就不够用呢？我的任务为什么总是到最后一刻才能提交？我总是被突然收到的信息打扰！朋友圈别人都在自由玩耍，我总是在工作工作工作！我，可太难啦！时间，到哪儿去啦？"

你遇到过和张楠一样的问题吗？她的难题是不是你的真实写照？

短视频、直播、图文、游戏……它们一点一点地蚕食了你的时间、你的注意力、你的机会成本，甚至消耗了你的身体。你以为你舒坦了，其实你只是它们勤奋的无薪员工。当你躺下慵懒地滑动手机时，你认为它是让自己尽情娱乐的工具，而实际上，你的生命正在被这些工具尽情使用，连同那些你贡献的使用时长和点击量。

不被外界所左右，掌控时间，捏塑时间，加减时间，有办法可以搞定！你，绝对有能力让时间来一场变形记。

01　让时间来一场变形记

我的一天是这样开始的。

我7：00准时起床，无论是工作日还是周末，都是这个时间点。而且，大部分早晨我并不是被闹钟叫醒，而是睡到自然醒。

早晨醒来，不是因为闹钟的驱赶，而是出于日出的拥抱，这种感觉真好。因为被闹铃惊醒的状态非常难受：可能是正在脑海翱翔的美梦被打断了，心情变得不美丽；也可能是脑中像进了烟雾，迷蒙地感觉智力被降了两个等级，影响办事效率。

被闹铃叫醒，大多数时候是因为前一天晚上工作项目的录制延续到了深夜，但我依然想维持生物钟的节律，所以还是选择让闹铃在7：00准时响起。好在手机的唤醒闹铃并不像常规提醒闹铃那样惊心动魄，可以选择渐起的方式，用悦耳的鸟鸣将自己唤醒。

一日之计在于晨。这一刻的氛围决定了一天的基调。一整天是如沐春风，还是雷鸣电闪，是掌控感十足，还是感觉被牵着鼻子，很大程度上取决于晨间醒来的第一种感觉是从容还是焦躁。

从一天的这一刻开始，自己掌控时间，而不是被时间困住。

02　时间有调性，别让情绪摧毁你

波波头张楠是上班族，每天早上都准时起床，赶往办公室，不能迟到。然而，加班后的第二天早晨，疲劳让生物钟失去了作用，她糊里糊涂地睡过了头。醒来时已经很晚了，她匆忙洗漱完毕奔向地铁站。急火火地到达办公楼，却发现忘带工作证了，她无法进入办公室区域，只能返回家中，取回工作证件后再一次忙乱地赶回办公室。回到公司时，她发现电脑出现故障，无法正常工作，不得不叫来IT部门的人员进行修理，这又花费了她宝贵的时间。"不幸"连续发生在她身上。一天如何开始，往往影响着一整天的办事效率、情绪和状态。

掌控早晨，不让疲倦偷走你的心情、损毁你的效率。如何管理早晨？从管理好前夜的睡眠开始。

03　睡眠熨平疲倦

我的睡眠时间，用能量梯度分来赋值的话，从10分制的"睡眠小时数"和"睡眠节律吻合度"两个维度看（见图1–1），可以分为小时数充足吻合睡眠节律的10分，小时数不充足但吻合睡眠节律的9分，小时数充足但没有吻合睡眠节律的4分，以及小时数不足且不吻合睡眠节律的1分。

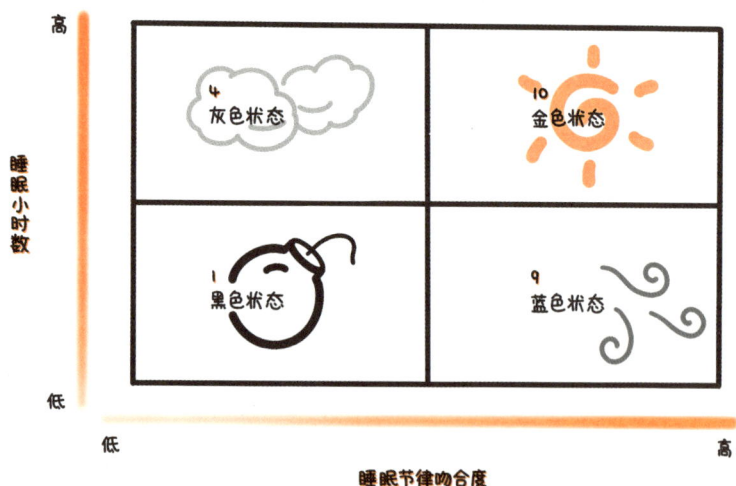

图1–1　能量梯度与睡眠

10分的金色状态，让我神清气爽，效率极高，自我肯定感十足，一整天有高效产出。

9分的蓝色状态，让我心情愉悦，产出尚佳，遇到问题时可以给自己打气，对完成工作任务有信心。

4分的灰色状态，让我头脑混乱，慌张气馁，不由自主地给自己低分评价，回避他人。本来想去饮水机接杯水，走到半途发现有同事拿着杯子从另一个方向过来，我马上改主意假装要去洗漱间，绝对不想与他人有视线接触，特别是当那个人是我的上级时。

1分的黑色状态，让我垂头丧气，低迷，无动力，没有产出，挫败感强烈，怀疑自己，无价值，无存在感，冷漠无助。

在睡眠的天平上，我要增加小时数，减少不合节律的睡眠状态。

对我来说，运用"睡眠循环"原理是一个非常有效的、在睡眠被剥夺的情况下依旧能够精力充沛的原因所在。控制好睡眠状态，确保90%以上的天数能量梯度在9分及以上。

睡眠循环如一枚奇异果，帮助我精神抖擞，身体健康。

遵循睡眠的规律，要比睡眠小时数是否充足更为重要。

运用"睡眠循环"原理是抗拒疲劳、保持活力的秘诀。

研究者们在20世纪50年代和60年代用睡眠监测、夜班工作实验、睡眠剥夺实验等研究方法，发现了人的睡眠拥有周期性变化的特点，即从快速眼动睡眠（REM）到非快速眼动睡眠（NREM）再到快速眼动睡眠、非快速眼动睡眠的周期性变化。

每一个睡眠周期持续时间为60分钟至120分钟，确切时长因人而异。

我自己的周期是90分钟左右，刚好一个半小时，处于大多数人的范畴之内。

最初判定自己的睡眠周期时，我运用了以下方式测量自己的睡眠模式。

【通过午休观察睡眠周期的单元时间】记录自己午休自然醒的睡眠时长，多观察几次取平均值。我的睡眠时长是在1小时20分钟至1小时40分钟和2小时50分钟至3小时，因此可以基本判断我的一个睡眠周期时长为90分钟左右。更为准确的数据可以用智能手表、睡眠追踪App，也可以到医疗系统的睡眠监测室进行测量。

【通过晚间睡眠记录验证睡眠周期准确度】我固定在23：00关灯准备入睡，早上自然醒或者是被闹铃叫醒，但感觉很清醒的时间是在6：30—7：00（我的叫早闹铃定在7：00）。连续观测两周，知晓自己一晚的睡眠总时长约为7.5小时。用一个睡眠周期90分钟做除法，可以计算出自己一晚的睡眠周期循环是5次，也间接印证90分钟睡眠周期的判定是准确的。

看到这里你可能会有一个问题：23：00关灯不等于马上进入睡眠状态，怎么知道自己的入睡时长呢？

探究如何及时入睡，我，经历了无数波折。

2018年，我负责《挑战吧！太空》这一成本超亿元的项目，头绪众多，难度超高，压力山大。我躺在床上，劳累一天后想马上入睡，但会有无数的问题、思绪、感慨、想象、冲动等争先恐后地钻入脑海。它们如深海纪录片中的无数条沙丁鱼，上下起伏，游来荡去，无法被控制，无法被捕捉。

不得已时，我只得向朋友求助有没有顺利入睡的好方法。朋友们的建议五花八门：热水浴、放松呼吸、冥想练习、温热饮料、遮光窗帘。我连数羊这样的窍门也拿来尝试了，但是，一律不起作用。

对我来说，自然环境声、白噪声、放松音乐等没有文字的音频无法战胜无穷无尽的思绪，不成功；相声、故事、有声书等有文字的内容，会牵动着我的神经跟着音频内容活跃起来，也不成功；熟悉的歌曲伴随，时好时坏，还不是理想的"成功"。

再试！

最终起作用的是25分钟左右真人录制的听书栏目，且设定为循环播放两次。听书栏目助眠的因素有三：一是区别于白噪声类型音频，听书有文字引导内容，因此能够屏蔽天马行空的意念；二是听书栏目区别于整本书阅读的音频，神经不会被故事情节、笑料包袱、矛盾转折等牵引着而紧绷，可以松弛到最佳；三是听书内容是真人发声，区别于AI合成的声音，营造了温暖和安全感。循环播放，消除了怕错过精彩桥段的担心，如果入睡非常快（这是我期望的）而错过了一部分内容，我知道自己可以在第二天早上状态最佳的时间再听一遍，可以确保不遗漏任何有价值的信息。这让我有了完全的掌控感，驱赶掉了所有的担心。完美！安然入眠丝毫不成问题了。

当遇到问题需要解决的时候，我就是用这种剥洋葱的方式，一点一点尝试，一遍一遍调整，一次一次感觉，最终找到适合自己的方式彻底解决问题。细分，细分，再细分，这种"显微镜"式探查让我能够辨别出影响自己的细微因素是什么。

所以，先寻找影响入睡的因素。你遇到的问题可能是环境噪声、窗帘的遮光度不够、睡前饮食不当、室内温度舒适度等，记录下有助于顺利入睡的因素，剔除导致不顺的因素，找到适合你的模式，安然入眠就指日可待。

现在我可以清晰回答出"怎样知道自己的入睡时长"的问题了。我的入睡时长大约是13分钟，是这样计算出来的：25分钟的听书内容，我习惯于1.25倍速，所以1遍全部听完实际时长为20分钟（25分钟÷1.25）。第二天回听内容，听到有印象的内容节点结束时，看播放进度条，消耗时长就明明白白呈现在那里。大多数情况，在完整进度条约2/3的点位时我的记忆消失了。$20 \times 2 \div 3 \approx 13$，就是它了。

一切真相大白。拥有掌控感，心安，是顺利入眠的良方。所以找到那个能够让你安心的方式方法，是解决现实问题的最佳路径，将纠结、焦虑、不知所措、辗转反侧……统统一扫而光。

如果你感觉上述精打细算的方式太麻烦，可以直接尝试简单的方式。

根据世界睡眠协会（World Sleep Society）给出的睡眠建议，你可以把睡眠时间设定为90分钟的倍数，因为大多数人的睡眠周期是90分钟。这种睡眠节奏也叫作"昼夜节律"。设定起床闹钟的时候，把酝酿睡意的时间也考虑在内。比如，你在床上半个小时才能睡着，那么本该7小时的睡眠，就把闹钟设置成7.5小时后叫醒你。此外，灯光、温度也是影响睡眠的因素。你设定好闹钟后，关灯或戴上眼罩，放松休息。

当然，生活不会日日走在固定轨道上，你可能会遇到需要熬夜的情况。

熬夜时，你可以借助"咖啡＋小睡20分钟"的方式缓解疲劳，保持精力。

具体方式可以参考《每周工作4小时》的作者蒂莫西·费里斯（Timothy Ferriss）的建议：困意来袭的时候，喝一杯咖啡，小睡20分钟。这20分钟里，咖啡因会发挥作用，你也会进入"恢复性睡眠周期"。醒后你会变得更有精神、更专注。如果小睡时间介于20分钟到90分钟之间，身体会进入深度睡眠，这时再醒来你会非常难受。

明白了睡眠的机制，我们掌控时间效能的段位获得提高，成为睡眠控制高手，运用简单的加法乘法计算就可以灵活制订高效睡眠计划。

理想的睡眠时长 $= 3 + 1.5 \times N$。

即，至少保证3个小时的睡眠，此后的睡眠节点依次是4.5小时，6小时，7.5小时……

一个半小时是一次浅睡眠到深睡眠再到浅睡眠的周期（见图1-2），所以在这个节点上起床比较容易，起床之后也不会感觉头蒙乏力。

我在工作中经常会遇到需要减少睡眠时长的情景。有次睡了4.5小时，起床后感觉跟平日没什么两样，并没有很难受。

$3+1.5×N$是普遍适用的睡眠时长公式，其中1.5小时因个体差异可能会有不同，需要自己调节。

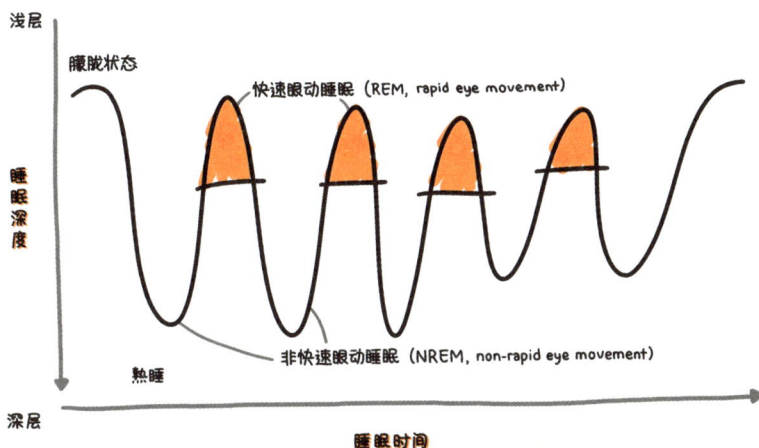

图1-2　睡眠周期图

通过对睡眠节奏和周期的计算，减去过多的思绪与烦恼，加上适宜的助眠手段，精确捕捉理想的入眠时长，释放掌控感，美好的睡眠不日将至。

📦 睡眠工具箱

我的有效助眠工具

1. 我的睡眠周期：90分钟循环，上床睡觉时间23：00，闹铃时间6：45。

2. 我的助眠模式：用循环播放的听书模式助眠，似听非听时入睡。

3. 我的睡眠环境：遮光窗帘，室温19 ℃，薰衣草香盒。

你的有效助眠工具

1. 你的睡眠周期：＿＿＿＿＿＿＿＿＿＿＿＿＿＿＿＿＿＿＿＿

2. 你的助眠模式：＿＿＿＿＿＿＿＿＿＿＿＿＿＿＿＿＿＿＿＿

3. 你的睡眠环境：＿＿＿＿＿＿＿＿＿＿＿＿＿＿＿＿＿＿＿＿

04　醒来即高效

惬意的睡眠过后，迎来快乐的一天。醒来马上行动，而不是纠结。

7：00起床，我拿起手机，打开前一天晚上的助眠听书音频，在完全清醒状态下再听一遍内容，避免错过丰沛的营养；用左手笨拙地刷牙，这个小习惯挑战刚刚在一周前开始，所以还处于有点别扭的阶段，但至少刷舌苔的时候不像最开始时容易失控激发深度干呕了，说明左手控制能力有所长进。我亲一下左手，在心里点个赞，自然微笑起来。

7：30左右，我出门开启一天的旅程。我点击音乐App，打开音乐排行榜，地域排行榜或是某种曲风排行榜，偶尔是全球榜，让持续流淌的音乐伴随旅途。排行榜音乐能够映射出时下大众的情绪点在哪里，旋律的欢快或舒缓、意境的感伤或温暖、歌词的直白或隐晦、声音的慵懒或高亢……随着音符的流淌，自己的情绪也在游走荡漾。听音乐让自己的感知更细腻，同时也积累了对最新音乐曲目的听感，保持与时下的动态同频。

踩着音乐的旋律，我走三层楼梯下楼，轻松开启对身体的锻炼。一定是不劳累的锻炼，因为不能在一大早把能量消耗在让身体疲倦的行动上，要着眼于激发活力。

打开某 App，扫码骑上共享单车。从出门到公司通勤车的接驳点，我需要骑行 22～28 分钟。骑行路线五花八门。跨上自行车，我选择进入了林间小路。这是一条被我称为"妖径"的路，其中有一段本不是路，但被无数人踩踏出的、仅可一人行走的、路面坑洼起伏的羊肠小径，是如果有人相遇不退入树间只侧身就会鼻子蹭到鼻子的小径，是骑行中需要身体左右腾挪掌握平衡才可以顺利穿过的小径。我骑行在这一段宽仅 30 厘米的路上，会遇到各种感官刺激。一丝阻力轻抚过胳膊上的汗毛，酥麻痒爽，触感穿透皮肤，一丝丝温暖的涟漪流淌到身体的每个角落。哦，抱歉，一定是荡漾在两棵树之间的蜘蛛丝被冲断了，对不起了小蜘蛛。雨后的松针尖端尚有一颗颗水珠挂着，在晨光中晶莹剔透。人穿过时，晶亮的珠子从针尖跳跃到衣角，激起丝丝凉意。每天，混合着草木香气的林间气息，被我深吸进体内，占满了每一个肺泡空间。

美好的一天就这样被激活。

让周遭的一切都充满生命感，让世界的所有生物都可以与我融合，让能量在大自然的生命之间实现自由交换。这种被包容、被接纳、被亲近的感觉会让人心安。充分利用、改造或者移情环境中的因素，增加感知环境各层面刺激的能力，给自己做一场晨间心灵按摩。你可能会在心里嘀咕：我的通勤路完全不一样，没有树林、没有雨滴、没有自然气息，车轮滚滚、钢筋水泥是主旋律。

7：35 时，和你一样，我也汇入了滚滚车流中。在经过短短 120 米"妖径"之后，我成为路上速度最慢的那个。电动自行车、摩托车、汽车从身边飞驰而过，间或响起的喇叭声有些刺耳，机动车尾气的味道冲进鼻腔，雨天坑洼路面汽车溅起的水花可能会湿了衣裤。

"自然"离我远去。但是，我不想被嘈杂破坏了好心情。大千世界，我总可以找到新的心灵按摩点。

路边隔栏那边，穿着带反光条的橘色套装的大叔，今天没有手持水管养护花草，而是拿着袋子捡拾昨晚被风吹下的干枯枝丫。不知他是几点开始清理工作的？

一位在自行车后座坐着的小姑娘，发辫和小花发卡可真好看！可惜看不到宝贝的脸蛋，不过没关系，我脑补出她如花的面庞。被亲人精心打扮的娃儿，一定拥有一张洋溢着幸福的明媚笑脸。

飞溅起水花的汽车，司机一定是急着要抵达某个目的地，可能是昨晚加班太晚而今天起晚了、可能是要先送孩子到学校再赶到公司、可能是和另一半发生争执带着愤怒出的门……每一个理由都充分，但是这不是 ta 在路上忽视他人的理由。

"嘿，长没长眼呀？怎么开车呐！"被溅到污水的白衣女子愤怒地冲着从身边驶过的汽车大声叫喊。她今天打扮得漂漂亮亮，可能是为了去见男友。她有足够的理由发泄不满。但，车丝毫未受影响地飞速向前了。她的喊叫未对开车人产生任何影响，但自己的心情这一天却可能不会太好了。

被溅到一身脏水，做出怎样的反应合适？愤怒大骂、震惊不动、哭笑不得、摇摇头继续赶路、幽默自嘲……

人们各有选择，但重要的是意识到我们有自主选择权；不同选择造成的结果可能迥异，每个或大或小的选择，都是在雕琢不同的自己。

选择愤怒大骂，结果是他人的不当行为激发了自己的负面情绪，"不公平、不可理喻、真讨厌"等念头在脑海中上下翻飞。

选择摇摇头继续赶路，结果是不愉快的事情与我无关，负面情绪一闪而过，继续乐观前行。

选择幽默自嘲，结果是尴尬和不快不仅于我无可奈何，我还可以依此生发出更多积极的可能："哈，这位司机是给我的白色衣服做装饰啦。我并没有付钱给他呀，占便宜啦！"" 从某宝买的 '一擦净' 吃灰多时，终于能够发挥功效啦。这次钱没白花呀！"" 喔，这些泥渍组合图案，是来提醒我有关心理学中的墨迹理论的吧？今儿的考试一定会得高分啦，妙呀！"" 这位司机师傅，你是老妈派来训练我积极应对困难和逆境能力的使者吗？放心吧，我情绪调节能力增加了，幽默细胞也增长了！"

相由心生。愤怒大骂的，眉头紧锁，川字纹深了。摇头赶路的，平静和谐，沉稳大气。幽默自嘲的，笑逐颜开，愉悦荡漾。将时间线拉长，在不同选择的持续雕琢下，每个人的命运出现了不同。

愤怒大骂的，满怀气愤和怨恨地走过岁月，人生充满争吵和矛盾。他和身边的人不断发生冲突，可能关系破裂。最终，他变得孤独，并被愤怒所困扰，无法释怀，人生失去了和谐和快乐的机会。

摇头赶路的，步伐从容、沉着安稳地走过岁月，人生充满平静和自信。他能够应对生活中的各种挑战，保持内心的宁静。他与周围人建立了深厚的情谊，享受着和谐的人际关系。他积极向前，不断成长，成为周围人的榜样，拥有充实而幸福的人生。

幽默自嘲的，内心洋溢着快乐，积极地走过岁月，人生充满欢乐和轻松。他以幽默的态度面对生活中的挫折，通过自嘲，以一种乐观而积极的方式化解压力和烦恼。他成为朋友们的开心果，经常带给他们欢声笑语。最终，他成为深受周围人喜爱的存在，人生充满了快乐和笑声。

每个人的人生旅程都是独一无二的，生命的底色依赖于不同选择，你想要的人生道路，就在一次次不同的选择中铺就了。所以，你需要每次有意识地增加一点时间回看自己的选择是否恰当。回看分析标准只有一条：这一个选择有没有让自己获得收益。收益可以是金钱、人脉、情绪、理念、健康……每一次选择，如果能让自己有所收益，人生财富就积沙成塔了。

　　你活得累不累呀？每一次行动、每一个思维都做分析，会很累吧？并不会！有意识地分析多了，分析会转变为下意识行为，在不知不觉间润物细无声地助力自己成长。

　　心理学中有"有意注意"和"无意注意"两种不同类型的实验研究。结果显示，通过将有意注意转化为无意注意，学生在学习成绩、记忆和理解方面都有了显著提升，他们更容易抓住关键信息，思维更加流畅，因为他们不再过度思考或努力记忆，而是更自然地对信息进行吸收和处理。实验还告诉了我们将有意注意转化为无意注意的方法。通过训练，我们可以提高无意注意的能力，从而改善在学习、工作和其他活动中的表现。

　　所以，虽然我们不知道外界会如何对待我们，但我们可以选择与他们相处的心态和方式。

　　25～30分钟的骑行路程，可能还会遇到逆向行驶的自行车或摩托车，可能会被停靠在自行车道的机动车挡住，可能会看到从车窗抛出的烟头划出一道弧线……每一个触点都有可能引发不快，这个时候，我选择忽略。

　　因为我的目标是抵达通勤车站点，我不是交警也不是城管，所以对这些输出阻力的场景，我会做选择性忽略。

　　改善心情法则，避免消极意念。一个转念，颠覆式不同！

🧰 转念工具箱

我的转念工具

　　1. 我的转念定律：我的情绪我做主，不被情绪左右。

　　2. 我的转念方法：感恩帮助我的人和事，也感恩阻碍我的人和事，我都获得了成长。

　　3. 我的转念工具：屏保中一只可爱的金色发财猫，看到它，我就会开心快乐起来。

你的转念工具

1. 你的转念定律：_____

2. 你的转念方法：_____

3. 你的转念工具：_____

05　保持富余，你才能掌控人生

7：58，伴着歌曲旋律，带着愉悦的心情，我登上了通勤大巴车。

每天早上，从四惠东出发的公司大巴车有两个班次，一趟是8：10出发，另一趟是8：20出发。

我出门的时间点是冲着第一个班次的时间计算的。万一错过了第一趟车，我知道还有第二趟车一定会在那里等我。

因为有兜底方案，我的一天在从容应对中开始。对这一整天的时间，我都会有掌控感。

"准时"和"兜底方案"，是让工作和生活远离焦虑的不二法门。不把自己置于一大早就慌乱的境地，是为情绪做减负，也让自己掌控感加强。安排其他计划遵循一样的原则，尤其是重要事项的安排。

李琴，就是在时间安排上因为失误，在命运转折点上没能把握机会而错失了一线城市入场券的遗憾之人。

由于是某大学广播电视专业的学生，又有综艺项目实习经历，李琴得以在某文娱公司招聘实习生的岗位面试中脱颖而出，2023年夏天进入公司实习。

能够脱颖而出，与李琴的形象不无关系。她的气质像极了女明星，甜美的声线，修长的双腿，容貌突出，被誉为"公司芭比"，也因此获得了更多的表现机会。

　　八周的实习有四个关键时间节点：一是初入职的"欢迎亮相会"，二是"总裁D圆桌交流"，三是"总裁任务汇报"，四是"转正答辩"。

　　公司为毕业生开放名额，优秀实习生能够获得正式的聘用offer。

　　"公司芭比"的未来被父母安排得明明白白。她到北京的初衷仅是想消磨暑假，认识新朋友，获得新技能，同时能够赚到实习工资。家里已经安排好了未来的工作单位，争取offer全然不是她的实习目标。

　　但随着时间推移，北京无可比拟的资源、文娱业务的想象空间、师哥师姐的视野能力，都是她返回成都后无法触及的资源。"公司芭比"有了留在北京的想法时实习时间已经过半。

　　此时"欢迎亮相会"已经过去；"总裁D圆桌交流会"被播音主持专业的同学抢占了话语权，自己没有主动发言而成为小透明，没有给决策者留下深刻印象；随后的"总裁任务汇报"自己所在的小组得了最后一名，也未能给自己加分；最后可以努力的机会是"转正答辩"。"转正答辩"的参会人员有"公司芭比"的师姐、所在部门领导、部门中心领导、业务总裁D以及人力资源业务合作伙伴HRBP，时间被安排在了8月24日16：00。

　　8月17日接到通知，距答辩还有一周时间，还有5个工作日可以利用，时间充裕，"公司芭比"准备起来。第一个工作日是8月18日，回忆一个半月实习的收获；第二个工作日是8月19日，梳理一下答辩框架；第三个工作日是8月20日，可以做PPT，实习中师姐带着做了一个项目复盘，所以是第二次做PPT了，有基础；第四个工作日是8月21日，请师姐和部门领导帮忙优化、调细节；第五个工作日是8月22日，这天下午答辩，上午自己还可以再做几遍演练。完美！

　　8月21日，"公司芭比"的电脑跳出"提示"，答辩时间被改到了8月24日10：00。HR也发来钉钉解释说总裁D的日程发生变化，所以答辩时间调整了。没关系，自己准备的日期就是在24日，16：00调整到10：00基本无差。"公司芭比"的心里依旧很笃定，继续按部就班准备。虽然师姐做了提醒，但是自有主意的"公司芭比"相信自己，一如既往地推进计划。8月22日晚，她睡前例行查看手机，看还有没有需要回复的信息。今天出现了特例，钉钉图标右上角鲜红的数字"1"提示有未读信息，她赶紧打开："亲爱的晚上好，咱们的答辩时间调整到明天的10：00。因为原时间点姐姐的时间安排被不可抗力冲击了，所以需要调整时间。实在抱歉！"

"啊？怎么会这样呢？我还没有来得及让师姐帮忙把关呢！我还没有来得及演练呢！我的心理建设还没有做到位呢！明天一定会紧张！我会说得结结巴巴吗？我会被嘲笑的吧……"奔涌而来的不可控意念撞入脑海，一条叠加一条，相互冲撞着，每一条想法就像一条游走着的线段，游荡在大脑里，碰到包裹大脑的头骨，线段还会折返回来继续游走，新的纷杂念头也在不断产生，世界上所有的不安、担忧、忐忑、紧张、苦恼，好像一瞬间都找到了"公司芭比"，穿梭在她的头脑中，翻飞着转成了乱麻。睡前赶紧再过一遍PPT，检查一下本来想在明天调整的细节。可是，没有带电脑回来！一个晚上，她被"忧心忡忡"包裹着，睡眠受到极大影响。

8月23日10：00，答辩开始。她一开始就讲得没有底气，被提问时也回答得凌乱，其中一个重要问题"你的答辩PPT主要讲的是你学到了什么，也请讲一讲你给团队、给公司贡献了什么。"她根本没有从这个视角思考过问题，回答得驴唇不对马嘴。答辩结束，预料得到她没有被留下来。本可以抓住的机会，就像是一条泥鳅，从指缝间溜走了。

你有计划，世界另有安排。不让遗憾驻足，最好的方法就是在做时间梳理时，掌控变量，保持富余。

其实在一开始，"公司芭比"就知道会有转正答辩。她可以在多个时间点上掌控变量。

从报到的那天起，她就应该每天记录当天的收获，积沙成塔，不用到最后答辩时再回忆一个半月的内容；在接到答辩通知的那一天，她就应该逼迫自己一把，第二天完成报告PPT；最晚完成的时间节点应该是在第一次收到时间变更的那一天内，因为时间发生了第一次变化就有可能发生第二次变化，永远给自己留出富余时间。

保持富余的价值体现在方方面面。

保持富余，提高时间效能。

例如，赶飞机，有人习惯于踩点出发，到机场的路途中，焦虑地催促司机师傅加快速度或者自己超速行驶，不但情绪受影响而且增加了不安全因素。保持富余，提前出发，早些时间抵达机场，安安稳稳地在机场处理工作，相较于在家里或者办公室里做事，会更为高效，且永远不用担心误机带来的巨大损失。

保持富余，激发创新能力。

例如身份识别技术。指纹识别、面部识别技术已经很成熟了，最近还出现了掌脉识别。它的原理是通过采集和分析手掌静脉的图像来实现个体的身份认证，因此也叫静脉识别。静脉识别技术是为身份识别技术加上第二重保险。

它可以消除其他技术很容易受到的干扰。如指纹识别，会因手指沾水、污垢、磨损、季节性脱皮等因素而变得不准确，而静脉位于人体皮下，就不受此影响。面部识别也会受到光线、角度、遮挡、整容等因素的影响。静脉识别不用摄像头，用红外传感器，因此也不怕这些因素的变化。

静脉识别还能预防 AI 造假。首先，AI 能仿造人脸，但它很难复制人的静脉结构。其次，就算 AI 能仿造人的静脉结构，也很难绕过静脉识别技术。因为这个技术识别的是流动的血液，也就是所谓的活体识别。这就要求必须有一个活生生的人站在红外传感器对面。

保持富余，还可能攸关性命！

南极洲被发现之后，成为世界上最先到达南极点的人，是当时许多探险家奋斗的目标，其中最著名的有挪威探险家罗尔德·阿蒙森（Roald Amundsen）和英国探险家罗伯特·福尔肯·斯科特（Robert Falcon Scott）。

斯科特背后有英国皇室支持，财大气粗，团队共17人，配备有摩托雪橇和健壮的纯种西伯利亚矮种马。而阿蒙森团队只有5个人，唯一的运输工具是因纽特犬。按说斯科特团队赢的可能性更大，但最后阿蒙森团队比斯科特团队早到了一个月。阿蒙森团队到达南极点后，又毫发无损地返回了大本营；而斯科特团队一行17人没有一个活着返回营地。出现这样截然不同的结果最直接的原因是，斯科特团队在回来的路上遇到了罕见的暴风雪。

如果复盘两个团队的准备过程，胜负其实早在出发时就已经定下了——两支队伍对"保持富余"的重视程度完全不同。

首先是补给物资方面。阿蒙森团队虽然只有5个人，但他们带了3吨的补给物资上路；而斯科特团队17个人，他们只带了1吨物资。这可能是斯科特团队犯的最致命的错误。他们后来被困暴风雪中，食物和煤油很快耗尽。

其次是运输工具方面。斯科特团队的摩托雪橇和西伯利亚矮种马看似豪华，但根本无法适应南极的极寒天气，燃油被冻住，摩托雪橇无法使用，矮种马到了南极无法适应环境，行程尚未开始就损失过半。

更重要的是极地生存技能。阿蒙森在开始南极探险之前，曾在北极圈和因纽特人共同生活了长达一年的时间，学会了在极寒天气下的野外生存技巧。

阿蒙森用保持富余的方式，实现了成为抵达南极点第一人的目标，并确保团队成员安全返回。

当然，斯科特在科考史上也留下了浓墨重彩的一笔，历史不会忘记他。他全程做了详细的探险日志，留下了宝贵的科考资料；他采集了大量的岩石标本；他遇到奇观异景做了丰富的拍照记录，第一个拍摄到帝企鹅照片并将其公之于众。

在生死攸关之际，保持富余，生命更有持久之力。

运用加法思维，让保持富余成为自己规划工作和生活的要件。例如备份本地数据在云盘，避免数据丢失或损坏；培养多个具备相同知识和技能的人员，确保组织的核心知识和技能不会因个别人员离开或缺席而丢失；使用富余电源和富余组件，防止单个故障点导致整个系统的崩溃……

保持富余是充分对抗不确定性的重要方法。尤其是在逆境中，增加的不仅是准备，也是生存的机会。

在不确定性极强的今天，有更多掌控感的人（见图1-3），人生幸福感会不同。

急促时间的压力　　　从容时间的把握　　　富余时间的掌控

图1-3　做掌控的人

06　复式时间，延长生命厚度

8:10，通勤车启动。我获取富余能力、利用暗时间的程序开启。

抵达公司的目标，在登上大巴的那一刻即完成了。通勤大巴安装了刷工牌的移动刷卡机，数据会传输到公司系统中。或者说，到达公司的任务我已经移交给大巴司机，他会载我直接抵达公司门口。

一身轻松的我开启了时间叠加法，即"复式时间"管理法（见图1-4）。

图1-4　复式时间

三个事项叠加：一是打开电子书文档，进入听书模式，开启为大脑输送营养模式；二是拿出牛角按摩梳，梳理头发按摩穴位，开启醒脑护发、美容护肤模式；三是双腿抬离地面，交替上下，开启消耗腹部脂肪模式。

这个时候的我，是一只八爪鱼，同时处理着若干任务。

听书，是我最重要的为大脑输送营养、提升认知、更新自我的方法。

大脑如身体一样，需要营养供应。我们每天吃的食物喝的水，是为身体输送营养，使其保持健康和轻盈；那么读书获取知识就是在给大脑输送营养，让我们的思维维持着积极、广阔和灵动的状态。

我和书的亲密接触经历了"找答案、见众生、遇惊喜"三个阶段。第一个阶段，读书是为了寻找答案，书籍帮助我解疑释惑，书籍是我的老师；第二个阶段，读书是为了见众生，书籍为我展示了广阔人生，帮我洞察世事、认识万物，书籍是我的朋友；第三个阶段，读书是为了偶遇"啊哈"时刻，畅读时蕴藏其间的惊喜、兴奋，夹杂着期待、渴望，像极了恋爱时等待对方制造甜蜜狂喜的感觉，书籍是我的男友。

老师，带我拨云见日，打开心结。

在职场，我遇到过无数场景：晋升，有时需要论资排辈，做得好但年龄比不过，我愤怒过；奖金，有时明显分配不公，做得多但和上司没有搞好关系打不过，我恼火过；性别，女性很少获得火线展示的机会，我失落过。

最近，我遇到这样一位领导者：她比我年纪轻，经常迟到，业务上是门外汉。早年的我遇到这样的情景一定会心存挑剔：一个连最基本的守时都做不到的人，她还能做什么呢？连业务都不懂，她怎么开展工作？因为心中种下了猜疑的种子，我就会寻找各种负面的暗示，累积她没有资格做我领导的论据，就会在工作推进中产生各种疙瘩，结果真的出现了工作推进不顺、领导不予支持、心情超级抑郁的状态。

因为狭隘的思维，我可能忽略了她的优点：文化娱乐行业就是需要年轻的思维，她跨专业的工作履历为业务带来新视角；她海量阅读的智慧所得足以累积通用能力的方法论；她调动有专业能力的团队完成专业方向的工作任务，而不一定追求自己马上成为垂直领域的专家；她有超强的学习能力，不久也可以是专家了。

　　好在我已经不是之前的我，我是被书籍老师指导过的我。美国社会心理学家克劳德·斯蒂尔（Claude M. Steele）的《刻板印象》给我种下了"培养多元思维"的种子，不要用定式思维看世界；英国作家简·奥斯汀（Jane Austen）的《傲慢与偏见》提示我可能对他人有偏见和刻板印象而不自知，但在自我反思中也会意识到这些偏见的无根据和不公平；北京大学管理学教授龚玉振的《定力》提示我在职场要树立起"角色扮演意识"，要把"真实的你"跟作为"管理者的你"区分开来。遇到不如意时，在书海里搜索，总能寻求到应对经验、多样建议、睿智答案。从单一的钻牛角尖思维到放下牛角的多线考量，从非黑即白的二元对立到接纳世界的多元，从"这个事情无解"到"原来还可以这样想"。读书，大开脑洞，帮助我们成就可以随时从零开始、跌倒爬起、千方百计、勇往无前的人生。

　　朋友，带我突破时间，穿越古今，上天入地。

　　我去故宫博物院观看中国古代钱币展。象牙白的柔光，束状洒下来，投在一枚枚静默地诉说历史的古钱币上。我所见就是钱币大小的差异、形状的不同、锈蚀的深浅。这些表象的特征，旁边上幼儿园的小朋友也看得明白："妈妈，这个比别的大呀！""哎呀，这儿还有刀子形状的呀！""这个上边的绿色更多呢！"

　　幸运的是，恰遇一位老者带朋友看展，娓娓道来钱币承载的历史："这一枚，见证了中国古代货币统一，叫作'半两钱'，且它奠定了中国古代货币的形制特点，即圆形方孔……""这一枚，肉眼可见相对其他钱币薄了很多，这是南北朝时期南朝宋的货币，长时间的战乱和经济困境，就连钱币本身都受了影响而贬值和变薄了……"

意犹未尽，斗胆请教老者何以获得如此丰富的钱币知识，我被推荐了《货币文化交流史话》。从此，我对历史学习的兴趣增了一分。某一类目物品的发展变化，就是历史实实在在的载体。这样学到的历史就不仅是年份数字了。

书籍自带魔法，文字就是它的"咒语"，随时为我打开一扇任意门。

只要翻开书本的扉页，时空穿梭机就发动了，众生百态尽显眼前。那种徜徉在文字中体会统领千军万马、畅游星空宇宙、探查原子奥秘……的神通广大，让我拥有无所不能的内心丰沛感。

当然，书籍中不仅有历史和远方，也有近在眼前的目标和欲望。怎样能够积累财富、怎样才能更快乐、怎样拥有良好关系、怎样消除35岁危机……文字里包含了所有。

无数书籍朋友为伴，逗笑我、解读我、激励我、点醒我……让我变得辽阔、拥有超能力，可以最低成本走遍大江南北，可以不惧孤独一个人狂欢，可以驱赶迷茫对抗平庸，可以克服困难勇敢承担。

男友，带我见证惊喜、开启共鸣。

"你想不想在玩剪刀石头布的游戏中获胜？""想呀想呀！""那你就这么办，比如和朋友出去吃饭，不确定谁来买单，你就可以对朋友说，咱们来玩剪刀石头布吧，别给他反应时间，你就伸手数三二一。因为对方没有时间思考，出石头的概率会极大地提高。你不想付钱，就出布；你不想让朋友付钱，就出剪刀。""真的假的？""你还别不信，这是有统计学依据的。有个世界剪刀石头布协会做了相关统计：人们出石头的概率是35.4%，出布的概率是35.0%，而出剪刀的概率是29.6%。所以游戏中出布，赢的概率就会增加。"

"亲爱的，你今天不开心吗？""哼！""来来来，我教你一个只要三步就能拯救不开心的办法：第一步，用手扇扇风；第二步，闭上眼睛想象一下最爱吃的烤蜜薯，同时做个深呼吸；第三步，神奇地发现不开心消失了！""嗯，还真有些作用。""想不想听听为什么？""需要我打你一顿才讲吗？""哎呀，不劳费心、不劳费心，马上讲。这是因为杏仁核是不开心的源头。闻到不好的味道、看到不良的画面、身处有压力的场合等，杏仁核就会活跃、充血。杏仁核就在咱们鼻腔后面，心情不好了，到山里、去乡下、开窗户等，吸入凉爽的空气，杏仁核就会不充血，压力就减少，就拯救了不开心。手扇的风凉度有限，要不咱们出去走走吧？"

"宝贝，今天咱们吃烤鸡腿，配上这瓶梅洛。""嗯？不对呀，你说过，白肉要配白酒、红肉配红酒。今天是鸡肉，应该喝雷司令！""哈哈哈，还有没告诉你的小秘密呢！今天给你补一个更下沉一点的小知识吧：之前咱们吃的是白切鸡，今天换成烤鸡腿。白切鸡口味轻，配白葡萄酒。今天烤鸡腿咱们的腌制料里有蜂蜜，口味重，就配红葡萄酒了。烹饪方法很重要，叫轻配轻、重配重。""这样呀！你还给我留一手哇！"

如此博学、体贴、出新的男友，就藏在《剪刀石头布》《活出心花怒放的人生》《推开红酒的门》这样的书籍中。

暗时间就这样被挖掘出来了。在同一个时间段内，通勤、美容、健身、学习，一个个叠加，完美融合在一起，且一大早这样丰富的收获，在一天的精力塑造、心理暗示层面激发出了巨大的能量。

自己是一个好学的、积极的、强大的、有目标的、有能量的、成功的人士。这种给自己贴标签的方式大大提升了自我满意度，串联起来的积极影响会延续一整天。

一日之计在于晨。精神百倍地迎接每一个早晨，争取365天都能够充分发挥暗时间的爆炸能力，就如研制成功了一颗小小的时间原子弹，你掌握了每一个细微的原子核内部的反应控制方法，所有时间原子汇聚起来发挥出来的能量，将是惊人的蘑菇云能量。

我曾经将早上安排时间的方法分享给朋友。她是心直口快的人，直言不讳地反问："你累不累呀？这么压榨自己！""一点都不累。"因为我早上选择的所有方法都是在给自己的身体或者内心充电，不是相反的耗电。

按摩梳美容，如同给全脸肌肤做Spa，过度使用的眼肌被按摩放松了，面部肌肉被提拉上升了，头皮按摩活血健脑了。对形象满意的我自尊心、自信心爆棚。

抬腿减腹适时而动。手在按摩时，腿抬起一定角度后保持不动、拉紧腹肌即可；手完成按摩，就可以左右腿交替上下，锻炼腹肌的不同肌群，随感觉调节锻炼强度。

听书，打开选择的书籍点击play按钮就好。也有头脑溜号的时候，例如看到车流中出现一辆少见的珍珠粉色的车，注意力会从书本转移到窗外车上。没有关系，享受过了窗外景色，把注意力再拉回来就好了。

所以，我不仅不会有累的感觉，反而感觉空气中有两根无形的管道，一根连接着大脑，源源不断输送知识信息，另一根连接着心脏，不断注入激情和动力。内外兼修，造就一个神采奕奕的我。"魔法穿梭者"，是我给通勤车起的绰号。登上大巴的那一刻，我就被施了魔法，身心都在刷新。也有特别的时候，前一天因特殊事情而睡得很晚，第二天的早上我就闭目听书或者干脆眯眼休息了。规矩是自己定的，特殊时候可以打破。

8：55左右，身体和头脑能量爆棚的我抵达公司，吃过早餐刷过牙，9：30进入工作状态。

工作时间，我绝对不采用复式时间利用法，而是坚决做减法，减到一心一意将自己投入单一的事务中。我，从八爪鱼转身成为猫头鹰。猫头鹰，几乎不动的眼睛和头部姿态使其能精准定位并无声无息地捕捉到猎物。高度的专注和聚焦能力，也是职场人处理高强度工作任务时需要的能力。

我是走过弯路的。我曾经在工作过程中也想采用八爪鱼的方式，认为能够同时完成很多事项是高效的。

打开需要撰写的报告，写下标题，屏幕右上方有提示新邮件到了，查收，马上回复，让工作伙伴感知到我的快速响应，10分钟过去了；再返回来看报告部分，将抽离了的思想聚焦回来，回忆报告标题为什么起这个名字，准备开始搭建报告内容的框架结构，屏幕右上方又跳出提示，这次是钉钉，业务伙伴问准备在后天组织的一个会议哪个时间段合适？查一下后天的日程信息，给业务伙伴可以备选的时间段，这个对话消耗了5分钟；再返回来将注意力集中，开始搭建报告框架，感觉需要上网搜索一些灵感才能进行下去，于是开启浏览器打开百度网页，准备输入关键词，但特别醒目的一个标题"你药箱里有这个定时炸弹吗？"闯入眼帘，"啊，是什么呀？这可是对健康有影响的呀，要看看……"沉浸其中时，右上角又跳出提示了，钉钉，这一次是自己的上级发来的信息，赶紧打开："你的报告进展怎样啦？"这可怎么回复呢……看时间，我沉浸在标题党文章中又消耗了十几分钟！

最终，我发现按计划上午就能够完成的报告，需要晚上加班才能搞定。

时间都去哪儿了？

被即时信息蚕食掉了！这是一个无底洞，频繁的即时信息未读提示红点或者数字，就像一枚枚小小的定时炸弹，不停地牵动着大脑神经，耗散着精力。

时间被网络推送的新闻消耗掉了！这是一个无底深渊，沉入其中，仿佛被卷入了一个无法自拔的旋涡，浩瀚的互联网文字吞噬了我的时间和注意力。

时间被不停切换任务的工作方式侵蚀掉了！头脑从一个任务转移到另一个任务时，注意力会有"离开—进入—离开—进入"的切换消耗，这个时间消耗被称为"任务切换成本"或"认知开销"，短则需要几十秒、长则需要十几分钟。单次任务切换的时间看似消耗很小，但频繁的任务切换累积起来则是巨大损失。

所以，是时候调整时间利用方式了。工作时，"复式时间"要转换为"独立时间"。

07　午间，来放飞

时间来到12：00。

中午，是走出办公室获取氧气、散步运动、唤醒多巴胺、晒太阳补充钙质的最佳时机。

一上午紧绷的头脑与肢体，在大自然的怀抱里得到解放。

我走进公园，欣赏小荷才露尖尖角的粉红和艳红的层次，追逐时而静谧忽而飞起的苗条蜻蜓，陶醉在青草被修整后散发的清香中，融入公园的环境，清新空气让大脑充分回血。

夏秋的公园也是就餐的好场所。我坐在长椅上，向不同方向肆意伸展着肢体，一边听书或听音乐，一边让味蕾打开，感受食物的酸甜苦辣咸。身体的五感统统打开，接受着大自然的信息对自己最丰满的刺激和振荡，主打的就是开心愉悦，扫除上午的劳累，令身体全面回血。

喜欢公园的原因，是因为在这里，抽象的时间变得生动鲜活了起来。

鹅黄色的小芽从枯黄中冒出头来，这是春天来打招呼了。空气中有了潮湿的味道，麻雀叽叽喳喳的叫声也浓郁了，它们在呼朋唤友地高谈阔论。蚂蚁、毛毛虫、蜘蛛、蜻蜓、燕子纷纷加入这场生命盛宴的奏鸣曲中。

浓郁的绿，是醉人的颜色。阔叶树的叶子肆意伸展着，张开最大的面积与耀眼的阳光接触。夏天就这样舒展着。透过枝叶缝隙的光点在地面上摇曳闪烁。我在树下伫立，抬头看天，放松颈部后侧，迎着光，但又不用担心被紫外线灼伤，最是惬意。

白云如羊绒般柔软地浮在湛蓝的天空。风中或金黄、或火红、或暖橙的叶子如蝴蝶般翻飞飘落，积攒厚重起来，脚踩在上面沙沙地奏起乐章。树上的果子像小孩子红扑扑的脸蛋，秋天的收获就在这里。

小小山坡披上了白茫茫的斗篷，是用脚在雪地上踩出车胎印痕的时候了，是用从手套里抽出的暖暖手指郑重写下"I Love You"的时候了，是嘻嘻哈哈揉着雪球、打着雪仗、堆起小雪人的时候了。

春夏秋冬，生命轮回，悄无声息地陪伴着每一个关注它的人。

大自然，是孕育生命的所在，也是增加我们心力的源泉。

科学研究证实了自然环境对情绪的积极作用。

加州大学伯克利分校选取了年龄在18岁到96岁之间的1200人，随机分为两组，一组在自然环境中散步，另一组在室内散步，时长均是15分钟，而后通过问卷方式了解参与者的情绪感知。结果显示，在大自然中散步的参与者拥有更低的压力水平、更积极的情绪和更高的幸福感。

每一个疲倦的、焦灼的，甚至绝望的日子里，人们生发的种种负面情绪，都可以在大自然中消解蒸发一些。与大自然打交道，你不用担心占据了它的宝贵时间，你不用担心它有负面情绪需要向你发泄，更不用考虑它的承受能力到底如何。

情绪积极、不急躁、低压力地进入下午的工作场所，你会兴奋、高效、多产。

08　拒绝无效时间

下午，各种会议登场。

会议时间，是被很多人痛恨的时间。

"小李，早晨9：30，参加A项目前期策划会。""好的。"李四按时坐在会议室，心不在焉地听，企业策划部和技术部门的同事热烈地讨论A项目的相关事宜。

李四时不时拿出手机看看时间，看看热搜榜单，刷刷朋友圈，经过2个小时协商后，领导最后总结会议内容，11：30宣布散会。李四回到自己工位，刚要处理自己工作上的事情，张三敲敲桌子："小李，下午2：30参加B项目进度汇报会议。"

李四："这个项目没有我们部门参与的业务啊。"

张三："领导让通知各部门参加的。"

李四："好吧好吧。"

B项目进度汇报会议进行到16：30。李四仍是参加晨会时的状态，直到会议结束一言未发。回到工位上，李四生发出莫名其妙的愤怒，今天都干了些啥啊！

一言不发的会议，要复盘。如果是自己投入不够、能力不足而一言不发的会议，那就需要死磕自己要全情投入，要提升到能够发言、能够参与、能够体现价值的水平。这样的会议有意义，可以倒逼自己成长。如果是事不关己、被强行安排的会议，那就要么坚定地说明理由拒绝参加，坚决做减法；要么去用心听，发现新视角，获得新收获。我们不能让每一分钟毫无意义地溜走。

时间是不可再生的资源。一分钟过去了，就无任何方法挽回。

坚决拒绝被别人安排时间的人生，我的人生我做主。

NCAA的成员罗CC，就是这样顶级优秀的存在。

NCAA是全美大学生体育协会，在美国影响力丝毫不输于其他职业比赛联盟。因此，进入NCAA的成员就意味着在未来的社会竞争中拿到了优先入场券。

罗CC，华盛顿女子高尔夫球队成员，2016年帮助球队赢得冠军。华盛顿大学夺冠的当晚，队员们还在庆贺胜利，而罗CC则在赶回西雅图的路上，因为第二天她主修的金融学有一早的课堂展示。

周一到周五9：00至17：00课堂时间，17：00至20：00训练时间，周五晚至周日旅行训练时间。罗CC的常规日程就是这样安排的。

中午下课，她冲到餐馆买好三明治和咖啡，在去图书馆的路上吃了午餐，在座位上坐定的同时，眼睛就已经盯在了作业本上。

她以秒为单位切割自己的时间表。

参赛，时间表被打乱。周一到周五的课程落下，但不妨碍在飞机上看教材，用铅笔做好问题标记，回校后可以高效地直接找教授解疑释惑。

缺席的考试，自己找老师安排补考。

体育竞技，不仅培养了运动员的合作能力与领导能力，而且也会遇到更多吃苦和感受失败的机会，运动员既能够赢得比赛，又能够完成学业。这种左冲右突的从容应对，锻炼了他们充分、专注、高效利用时间的能力。面对挑战，上就是了。优秀者的回报自然丰厚：奖学金拿得多、有机会与世界各地学生建立联系、未来有更多的职业机会。

人的游刃有余就是这样积累的。每一天都有效，每一小时都计入，甚至是每一分钟都算数。高效专注、心无旁骛，是罗CC赢得胜利的法宝。

（1）分心，是时间的杀手。

格洛丽亚·马克（Gloria Mark），加州大学欧文分校的计算机科学教授，人机交互实验室的创始人兼主任。她是人类与技术交互领域的专家，研究重点是人类在使用技术时的时间感知和使用方式，在时间管理和工作效率方面有着真知灼见。

格洛丽亚的研究结论是去除分心因素、练就专注于正在处理的事务的功夫，是取得优秀成绩的密钥。

"人们必须彻底切换思维，从一个内容切换到另外一个内容需要一段时间才能进入状态，而切换回之前的内容又需要一段时间才能找回此前的状态并回忆起刚才进行到哪里了。我们发现，在所有中断的工作中约有82%都能够在同一天继续进行。但坏消息是，我们平均需要23分15秒才能进入状态。"也就是说，你的每一次分心，都要浪费超过20分钟的时间。回想自己，每天注意力分散的频率如何？假设分心次数是10次，那么就有200分钟，也就是3个多小时被浪费掉了。惊人！分心会把生活和工作搞得凌乱琐碎，甚至陷入泥潭。

减少分心，就要针对分心的核心因素下手，将数字交互技术（查看即时消息、查收电子邮件、使用社交媒体等）这一脱缰的野马管束得服服帖帖。能够驯服野马的缰绳是运用番茄工作法，规定查看消息、邮件、使用社交媒体的时间：每专心工作45分钟后，专门用15分钟时间处理数字交互信息。这样既能够专注高效处理事务，又不用担心长时间未能查看数字信息带来的麻烦。

（2）避免消耗，就是节省时间。

数字交互技术是被广泛关注的浪费时间的因素，因此，各种研究也给出了非常有效的解决之道。可怕的是隐蔽在日常小事中不容易被察觉到的真正的时间浪费。

同事问今天中午你想吃什么，你在水饺和面条之间徘徊良久；

在社交媒体上看到一篇有趣的文章后，反复犹豫是否要转发或分享；计划带父母出游，在大理和苏州之间举棋不定，需要再用一个周末搜索对比……这些就是可怕的不知不觉中浪费了的时间。这些不同的选项根本不会为事情的结果带来颠覆性的价值差异，吃水饺或者吃面条都不会影响到健康，是否转发文章不会影响你的命运，去大理或者去苏州之于陪伴父母的目的无差。

苏黎世大学、俄亥俄州立大学和普林斯顿大学的研究者通过一系列实验发现，人们普遍在低回报问题上花费了太多时间，而这是一种错误的时间分配策略。

其中一个实验是这样的：实验人员发给每位受试者25瑞士法郎，让他们用这些钱买零食。零食是实验人员事先准备好的，每个0.25瑞士法郎。整个购买活动在电脑屏幕上进行，受试者在150秒内做100道选择题，平均每道题有1.5秒的思考时间。每道题显示两种食品，受试者选自己喜欢的，喜欢左边的就按键盘的左键，喜欢右边的就按右键，选定就算购买。实验事先规定，如果150秒到了还没选完，剩下的题目就会被系统随机分配答案。实验结束后，每个受试者都要花掉25瑞士法郎买走100个零食。

屏幕上两个食品，有时候一个是受试者喜欢的，另一个是受试者不喜欢的。这个选择很简单，受试者直接选喜欢的那个就好，不用思考，但是请注意，这个选择也很重要，需要认真一点对待，因为一旦选错，受试者就会平白无故买一个不喜欢的东西。有时候屏幕上两个食品受试者都喜欢，或者都不喜欢，这时候受试者应该怎么办呢？这个选择看起来有点难，但是也请注意，这个选择其实是不重要的，因为不管选哪个，结果对受试者来说都差不多，何况还有时间压力。受试者要在150秒之内把100道题目都做完，这样才能避免系统分配给你不喜欢的。

所以理性的做法是面对重要选择就认真选、别搞错；面对不重要选择就随便选一个，赶紧进入下一题。这样每道题都不会花很多时间。然而实验中受试者不是这么做的。

受试者在面对两个都喜欢或者都不喜欢的、不重要的选择时，明显花费了更多的时间。

他们陷入了"选择困难"。举个例子，猪肉白菜水饺还是猪肉芹菜水饺？受试者都喜欢，但是一时之间难以决定更喜欢哪个，于是想了整整5秒钟。因为受试者在这道题上浪费了太多时间，没有机会去做"葱烧海参还是西红柿炒蛋"那道题，所以被系统随机分配了不喜欢的西红柿炒蛋。

面对不重要的选择，你原本可以说一句"我都行"了事，可你却陷进去了。你想寻找一个更精确的答案，殊不知这种问题的答案不管哪一个都对你没什么影响。这，是真正的浪费时间。

（3）小事不纠结，减少无效消耗。

另一个实验中，受试者每次看到屏幕上有两堆"闪烁的星星"，左边一堆右边一堆，回答哪边的星星多。每选对一次就得一分，选错不扣分。受试者在规定的时间内得分越高，最后的奖金就越高。同样地，这个实验中的简单但是重要的选择是其中一边的星星明显比另一边多，困难但不重要的选择是两边的星星看起来几乎一样多。理性的做法是面对重要选择认真选，面对不重要选择就随便选一个，赶紧进入下一题。这样受试者才能多答对一些题。但实验结果显示受试者仍然花了更多时间在两边星星看起来差不多的题目上。

人们这种无效耗时的选择方式，不仅出现在实验中，日常生活中比比皆是：购物时在多家商店来回奔波，为了折扣低一点，不考虑路程用掉的时间以及油耗成本；早晨出门前，面对满衣柜的衣服，为找出最完美的一套搭配而反复试穿；打开外卖软件点餐，想要尽可能收集更多的信息，货比三家，找到最具性价比的或者自己最想要的东西……结果发现半小时很轻易地就过去了。花了这么多时间去选，到最后能获得一个很满意的结果吗？往往没有。谁还记得三天前的午餐吃的什么？大多数人不会记得，除非是有仪式感的特殊安排。所以，人们可以不浪费时间去纠结。

我们的目标不是确保每一个选择都是精确的，而是确保在重大问题上的选择是准确的。我们需要把宝贵的时间和精力留给更重要的问题。较真儿消耗的能量和时间，和你得到的回报不匹配。

做判断的终极目的不是寻找正确答案，做判断是让效用最大化。

我们在太多不重要的小决策上花费了大把时间。那么如何主动避免在小事上的消耗呢？

预判结果：处理事情之前预判其结果是否具有颠覆性影响：是，认认真真处理；不是，迅速决策、迅速行动、迅速完成。例如，选购股票会带来资产的涨跌，值得认真花时间研究；点外卖，食物都能够填饱肚子，选高分评价、最喜欢的那家就好。

立即行动：处理小事，马上行动，决不拖延。例如，午餐时收到一份需要转发给团队同事的文件，马上随手转发到团队群中，@相关同事提示其处理，而不是等到午餐结束再行动，避免"还有一件事情需要办"的提示总萦绕在脑海中消耗你的精力，让占据心智资源的"未完成"少一些、再少一些。

目标分解：将复杂的事项简单化。例如用手机点餐，你想要口味好、优惠大、什么都想尝一尝、看用户点评中负面评价有什么……这些条件叠加在一起，想找到令你满意的确实不容易。将目标分解，今天订餐就只选评价最好的东北菜，筛选条件后跳出来的第一个就订好付款。明天设定另一个自己最在意的条件，例如粤菜，从最开始就依这个条件做选择，一定会是快速高效的。

精简决策：减少备选项。美国前总统奥巴马总是穿灰色或者蓝色的西装，戴一条蓝色系领带；桥水基金创始人瑞·达利欧每天上班都穿同一款西装；脸书创始人马克·扎克伯格衣柜中是清一色的灰T恤……他们都不想在服饰上花精力做选择。"我试着精简我的决定。我不想在吃什么或者穿什么这些事情上做决定，因为我要做的决定实在太多了！"奥巴马这样节约自己的时间。有人做过统计，大多数人在穿衣决策时，花了80%的时间却只穿了衣柜中20%的衣服，所以把不常穿的衣服都舍掉是好的决策。

适当放弃：可以由他人代办做决定的事情，就果断放手让他人去做。例如团队建设去什么地方、乘坐什么交通工具、设定什么团建环节等，团队领导就不用花时间操心，仅给出预算，其他安排由他人定夺就好。

（4）"大事"判断看价值。

那么，确实需要投入精力、花费时间的S级别事情有哪些呢？我的判断标准，要么过程享受，要么结果重要。

"大事"可分为三类。

第一类，你的选择和行动会对人生产生重大影响。这事重要或紧急，你做错或者不做可能会带来严重后果，那你就好好做。像报考大学、选专业、换工作等这些事情，应该慎之又慎，把各种选项的优劣都考虑清楚再做决定。

第二类，读书和学习，能改变认知，提高技艺。沉浸过程之中，你可能会穿越古今、偶遇各种人物，可能会脑洞大开获得豁然开朗的喜悦，会收获打通认知任督二脉的欣喜。

第三类，做我们喜欢的活动，如陪父母散步，跟孩子玩儿，和朋友聚会聊天。做这些事情，不但不是浪费时间，反而是在构建优质时间。

抓大放小是气度，不是客气、马虎、容忍，更不是委曲求全、照顾别人情绪，而是真的不在乎，是不想花工夫琢磨这种小事。

"我心大不用问我，谢谢。"这简简单单的一句，每天节省10分钟，就能够在一年里比别人多出一个星期的工作时间。

📁 时间管理工具箱

我拒绝无效时间的工具

1. 拒绝无效：不参加无效会议，不参加无效聚会，不产生无效情绪，不在事情上纠结。

2. 杜绝分心：选定事项即专注沉浸。

你拒绝无效时间的工具

1. _____
2. _____
3. _____

09 傍晚，手握刻刀雕刻时间

18：00，工作可以合法结束的时间。

工作之外的时间让每一个人更"自己"。

18：00，我进入瑜伽时间。舒展在会议室中久坐不动的身体，缓解固定姿势造成的肌肉紧张，闭上眼睛转动眼球改善干涩。刚开始练习瑜伽，我是随着瑜伽App中的动作照猫画虎，拉伸肌肉的舒适让我感觉愉悦。这个阶段，我常常是做着这个动作，老师的引导指令还未说，我已经开始下一个动作了，因为觉得前一个动作做过就是结束了，就可以轮到下一个动作了。做到什么程度，呼吸是否融入，持续时间多久，没有进到考量范围。练习得久了，偶尔会有某一天比较累，因此节奏刻意放缓，两个动作之间的切换也进入慢节奏状态。当我不再只做表面文章，忽然觉得除了牵拉胳膊腿之外，呼吸也相应有了深度。于是，内脏参与进来，随呼吸有了律动。或扩张、或牵拉、或颠倒的探索，由外而内、内外交互地对起话来，一股气流顺着肋骨向上升腾，沿着抬升的胳膊运行到指尖，脉络打通。

欢愉。简单的胳膊大腿的抬放，衍化为内外兼修的欣喜。

坚持、品味、用心，"进化"就这样发生着。

10　慢下来享受

慢，相较于快，带来了更多价值。

所以，慢下来细细品味饭菜的味道，不把吃饭仅仅当作活着的必须或者是看视频的陪伴。闻气味、细咀嚼、慢吞咽，食物的味道有了更丰富的层次。

所以，慢下来和偶然相遇的伙伴对话，不把匆匆打个招呼当作礼貌的必须，用心观察对方的神情动作，真正感受交流的美妙。

所以，慢下来细细感受大自然的魅力，不把自然环境仅仅当作背景，而是全身心地融入其中，花香、鸟鸣、微风、暖阳，是扩大了的我们的一部分。

所以，慢下来细细聆听内心的声音，不把自己的情绪简单地压抑或忽略。在安静的角落静坐片刻，任由思绪飘至过去、穿到未来，不分析不点评，呈现平和泰然的自己。

慢下来，日子变得层次多样、丰富美妙。

用心去观察，时间的流逝变得缓慢而真实。用对每一个细节的观察，感受时间的脉动和变化。在同一个时刻，我们能够看到微笑的绽放、泪水的涌动，能够听到心跳的力度、呼吸的起伏。

拥有解剖时间的能力，让我们更加珍惜每一个时刻，珍视生命的宝贵，学会放慢脚步，体验当下，不再被忙碌和焦虑所困扰。

如是，当我们慢下来，时间就会被我们掌控，时间好像也被拉长了。

11　下班时光，蕴藏商业价值

下班的时光，是自我掌控的时光。

用"时光"一词来命名这段特殊的时间，是因为这段时间是可以被雕刻出阳光的。这些时光是独立时光、舒畅时光、收益时光。工作日，多数人需要融入集体，做"螺丝钉"的工作。休息日和假期，我们则可以暂时"抛弃"社会身份做回自己。

做回自己，卸下工作日必须的"捆绑"，给自己做一次理疗。摆脱公共环境下行住坐卧必须合乎礼仪标准的姿态，慵懒地吃零食、刷手机、看剧……放任自己完成回血。你可能反对这种看起来不受控制地做回自己，但这完全可以是我们结束精疲力竭的工作后的小憩，可以是对长久奋斗的奖励，可以是对自己努力的肯定。

只要你还保有对这段时光的清醒认知，知道自己掌控着放松，知道自己是时光的主人，而不是时光的奴隶，就不会任由时间流逝反以为是重获了自由。

个体心理学之父阿尔弗雷德·阿德勒（Alfred Adler）研究过假期与工作的关系。他认为：假如你工作是为了假期，那就是把当下的工作看得一文不值，认为它只是通往假期的途径；假如你认为放假是为了将来更好地工作，那就是把假期看得一文不值，认为它只是为工作养精蓄锐的手段。

所以，你把假期当成不用上班的日子，强迫自己去玩，强迫自己驶上高速公路这一大型停车场，强迫自己挤进景区的人山人海，强迫自己到处排队看人头攒动。这些都属于被动娱乐，被动休息。

变被动为主动，更为获益的方法是除了让假期在为下一个工作日养精蓄锐之外，为假期本身附着上更具长远眼光、更为积极自主的行动策略。

柳韩彬，YouTube 百万博主，韩国作家，将自己的下班时光过成了崭新的主动求索。

她先从不再一下班就回家的改变开始。下班时光从唱迷你卡拉 OK 开始，柳韩彬沉浸在自己喜欢的方式里，身体放松了、精神愉悦了；再进一逛书店，读上几个段落，文字营养了自己。她就这样简单轻松地渐入佳境，完全不再是两点一线的工作机器。

现在，她一有时间，就做各种各样的副业：YouTube 博主、线上课程讲师、话剧演员、日程管理类产品设计师……柳韩彬说，这一切给了她深厚的获得感。

真正的放松，不是无所事事，而是主动做喜欢的事。

她还认为，利用业余时间做事，能够帮助自己建立一个更坚固的自尊体系。万一工作上遇到挫折，没关系，我在其他事情上的自尊并不受影响。

今天下班，是不是也可以拐进街角的书店看看，与素未谋面的某位作者作一次对话；周末到来，是不是可以尝试拍摄美景、制作图文、抒发心意到自媒体平台上；长假来临，是不是可以每天分享既自娱自乐也可以供他人借鉴的游记……

过程中你会发现不一样的自己。

我的下班时光曾经学过画画，素描、彩铅、水彩、水粉。从素描中学习光影的作用，从水粉中领悟取景的功效，从彩铅中感受不厌其烦专注在一只眼睛的描画上所创作出的有灵魂的眼神，从水彩中发现色彩居然能够与水交融，继而千变万化……不断做加法的各种尝试，是我对生活的深度雕刻，也实现了跨领域赋能。我学过画画，提升了拍照技能，并用这种能力在公益活动中为大家拍照、制作短视频，收获满满的好评。活动结束，几十位朋友主动来加好友，为我后续图书出版、辅导咨询种下了种子。

画画，工作之外的新尝试，像是投入生命之湖的一颗小小石子，荡起涟漪，不断辐射，生发出无限可能。

我选择学习画画的一个重要原因，是画画能够在 1 ~ 2 小时内就获得一幅融入了自己努力和情感的作品，就可以拍照发给好友获得点评，开心的人际互动又增添了愉悦的心情。所以，先尝试从简单易行、即刻见效的事情开始，逐步深入。

冯果，在读大学时绝对不是出众的一个人。但在当老师 20 多年的业余时间里，她一笔一画积累了功力，如今专注在画超大幅的工笔侍女图中。画中人物神情的恬静和专注、仪态的活泼和端庄、服饰的繁华和典雅、景物的层次和多彩……每一笔均显露着画者非一日之功的修为和耗时几个月甚至几年才能绘就一幅作品的耐心和能力。客户订购她的画装饰酒店房间，冯果又站到了一座山的山顶。

现在的冯果在一众同学中很突出，她恬静、沉稳和自在的状态只有经过滴水穿石的功力萃取才能够自然呈现。

12　让时光溢满幸福感

"我每天都特别累，要上班，要管孩子，要操持家务，我没有享乐的时光。"

这是把快乐与做事分割来看的想法。换一种思路，将快乐与现在做的每一件事情关联。

这就像冲泡一杯咖啡，散发的香气就是溶在每一件事情里的精华，边做事边萃取，嗅到其中的美好，活在当下，尽情享受。

比如，你小心翼翼护着宝贝学走路，虽然累到腰酸背痛，但还是嘴角上扬地看她摇摇晃晃地探索着世界；深夜被她踢醒，还是会给小家伙盖上被子面带微笑地挨着她入眠。拥有的幸福感和付出的辛苦交织在一起。

所以，时间管理的秘诀不在于分秒必争，而在于"沉浸"二字：尊重你正在做的事，享受你正在做的事，认真对待你正在做的事。

虽然时间很容易溜走，但换一种思维，从"计划"时间调整为"记录"时间，你能发现时间储蓄罐的入口。

记录时间，事后行动，有意义吗？

不要小看事后记录这个简单动作，它能够帮你检视每小时做了什么。持续记录，你会发现自己的时间使用模式，能够找到自己的"高效率时间段"和"低效率时间段"。所以，记录时间，是对时间效能进行开发的掘金过程，将需要沉浸其中才能完成的事项安排在高专注时段，将不需要集中精力的事项安排在低效率时间段，使之各得其所。

这个有价值的小动作，听起来简单，但很难养成习惯。最有效的方式是将实际使用的时间用软件做记录，生成时间利用统计图（见图1-5）。这样可以进行"时间计划"与"时间使用"两个维度的对照，分析时间到底都去了哪里，思考怎样利用时间最为高效。

这样的时间记录还能帮我们管理人际关系。

你的时间是给领导多还是给下属多，是给A朋友多还是给B朋友多，是给工作多还是给家人多……检视自己是否给重要的关系足够的时间，将时间分配进行调整优化，分析中你可能还发现了很多被浪费掉的时间。

例如，早上一睁眼忍不住刷上了手机，因为担心误了正点上班，既没能沉浸在娱乐的氛围中，宝贵的晨间时间又无情地溜走了；闹铃响了一遍又一遍；对着镜子花半个小时比较几套衣服的穿搭……如何解决这类问题呢？列NoGo清单。

NoGo清单可以是：早上不刷手机；早上不赖床；所有同事都在订奶茶时自己不参与；遭遇困境不疾不徐；新技术革命来临不抗拒……

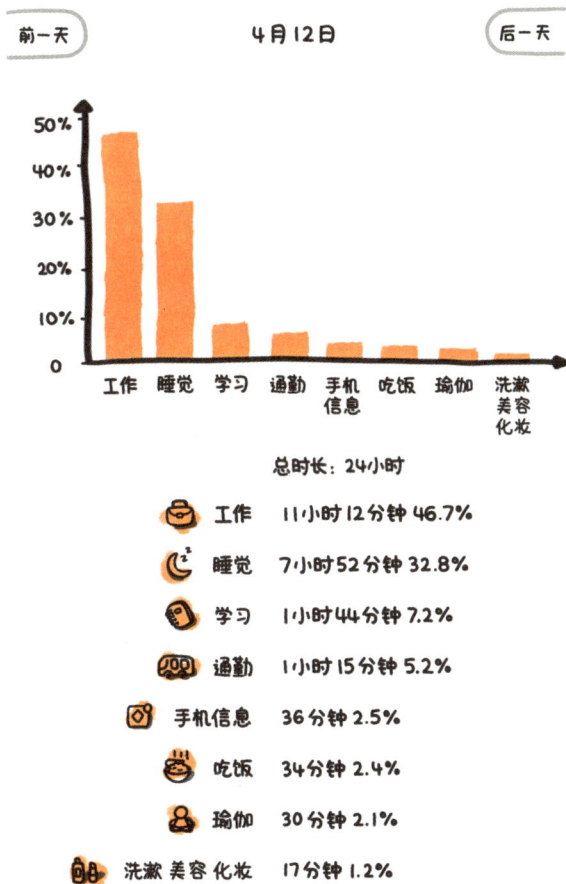

前一天　　　4月12日　　　后一天

总时长：24小时

	工作	11小时12分钟	46.7%
	睡觉	7小时52分钟	32.8%
	学习	1小时44分钟	7.2%
	通勤	1小时15分钟	5.2%
	手机信息	36分钟	2.5%
	吃饭	34分钟	2.4%
	瑜伽	30分钟	2.1%
	洗漱 美容 化妆	17分钟	1.2%

图1-5　时间利用统计

践行自己的NoGo清单，你发现不仅时间可以控制到位，而且自己真正成了自己的主人。制定NoGo清单，不是设置限制，而是在为自由铺路。

🗓 NoGo清单工具箱

我的NoGo清单

1. 不在工作或学习时间刷社交媒体。
2. 不过度熬夜，保证每晚充足的睡眠。

3. 与家人进餐中不使用电子设备。

4. 不过度依赖咖啡。

5. 不在休息时间查看工作邮件。

你的 NoGo 清单

1. _____

2. _____

3. _____

4. _____

5. _____

13   时间效能，人生丰盈的不二法门

每人每天都拥有 24 小时，看似公平，但从商业模式的视角看待时间，则大相径庭，时间一点都不公平。同样的一个小时，张三可以获得薪酬 300 元，李四只能拿 50 元。这，就是某种层面的"不公平"。对李四而言，消除"不公平"，就需要提高自己单位时间的价值。同样的一个月时间，王五月入工资 20000 元，赵六除相同的工资之外，还收到了网文带货赚取的佣金 50000 元。这也是某种层面的"不公平"。对王五而言，消除"不公平"，就需要开辟另外的赚钱方法，而不是仅靠"出卖"时间给公司的唯一变现渠道。同样是生活在北京，周七每月支出房租 6000 元，钱一收获租金 6000 元，一加一减收入之间的差距是 12000 元，一年时间收入的差距十多万元。这还是某种层面的"不公平"。

这些"不公平"，本质上是对时间认知的不同产生的对时间商业模式的选择差异。

时间商业模式有三种：一是出售体力劳动的时间，一段时间出售一次，例如在餐厅做服务生；二是销售属于自己的产品，一段时

间可以多次销售，例如在网络上卖课程；三是购买别人的时间再出售出去，赚取差价，例如投资或者创业。

出售体力劳动，优点是门槛低，上手快，无需太多初始投资；获得固定工资或小费，收入相对稳定；可以积累工作经验和学习技能。但缺点也是显而易见，收入受限于个人工作时间和劳动效率；缺乏时间弹性，无法自由选择工作时间和工作内容；职业晋升和收入提高可能受限。

销售自己的产品，优势是拥有时间弹性，可以自由安排工作时间和地点；收入潜力大，通过销售产品可以覆盖更多人群；可以实现被动收入，一次创作的产品可以被多次销售。劣势是需要投入较多的时间和精力在产品创作和市场推广上；面对激烈的竞争，需要有独特的专业技能和方法来吸引客户；需要不断改进产品以满足市场需求。

投资或者创业，优势是可以利用资本进行投资，潜在回报相对较高；可以通过多样化投资降低风险；有更大的时间弹性。劣势是进入门槛高，需要具备市场分析和投资决策的能力，抗击风险和应对不确定性的能力；可能需要投入大量的初始资金；投资结果受市场波动和经济环境影响，可能会失败。

辨别优劣，选择自己擅长的起步。时间的这三种使用模式对于个体来说，不是非此即彼的关系。

帅帅，通过考试顺利进入公务员队伍，每天上班8小时。他销售自己的产品，充分挖掘兴趣爱好的财富价值，8小时之外，在B站分享自己的作品。绘画区up主是不用露脸的，有一双好看的手就行了。逐渐地，他有了20万粉丝。他顺势开了Ipad绘画课，教大家画头像、画美食、画各种可爱的小怪兽。已经积累了人气，绘画课刚上线就卖了200多份，一个人学费300元，60000元就入账了。赚到钱的帅帅信心大增，从 Ipad 绘画扩展到油画和水彩画，在知识付费领域赚得盆满钵满。

帅帅保持着运动的习惯，早上有氧，晚上撸铁，衣服一脱一身疙瘩肉，腹肌能开瓶盖的那种。他财富自由，自信满满，穿的都是有质感的衣服，和老同学聚会时，站在已迈入中年的男同学中间，绝对有鹤立鸡群之感。帅帅做投资，用攒下的钱在单位附近购买了门脸房，转手出租给小吃店，分成小吃店早上卖早点、中午搞盒饭、晚上烤串的收益。

完美实现时间的三模式共享，帅帅的时间价值得到最大化。三种时间模式的理念背后，是对时间与金钱关系的认知。

因为，时间就在那儿，无论是谁，不管在哪，任何人拥有时间不用付出任何成本。

而金钱，是需要付出劳动或者资源投入才能够换取到的，因此似乎显得更为稀缺。

因此，"金钱＞时间"的观念更为常见。

不同的认知会采取不同的行动。认为时间比金钱重要的人，可能会雇小时工清洁修理、购买 VIP 服务、采买智能家居设备作为生活助手等；若是反过来，认为金钱比时间更重要的人，可能会选择自己动手做一日三餐、在游乐园正常排队而不买速通卡、居家锻炼而不会请专业教练等。

每一个决策前，你可以审视这个行动的背后是"金钱＞时间"，还是"时间＞金钱"。

每一次都做概念扫描，因为细碎微小，操作起来可能会有看不清、理不顺、不规模的感觉，那么换成一周、一个月或者半年，一定要做回看。

给自己的行为做一次细致的体检，看一看前一个阶段的行为，哪些是以时间宝贵为先考量的，哪些是以金钱为先考量的，果断停止时间价值被贬低的行为。

持续一段时间的"时间＞金钱"模式，你也许真的不用为金钱斤斤计较了，因为你可能财富自由了。

14　时间有限，生命有终点

无论怎样珍惜和管理时间，每个人的生命都有终点。时间就是不留情面。

曾经有朋友问我："时间流逝，你有想过如何面对死亡吗？""想过，且时常想到。"

从年少时恐惧年老而期望定格在36岁，到遇到人生难题迷茫抑郁感觉没有价值而隐约想到死亡，到见证了最亲的人的生命被岁月一丝一丝抽离……对生命终结的感知既近又远。

时间就这样滴答着溜走了。人生终极问题的答案，在时间的洗礼下慢慢露出真容。

时间无情催人老，但同时在给人叠加智慧。

死亡之于我不再是希冀、不再存臆想、不再有威胁。死亡是世间常态，是有缘相聚在一起的分子和原子，到了离散的时间节点，它们要相互分开，去开启下一个或成为蚂蚁、或成为小鸟、或成为鲸鱼、或成为树木、或成为藻类、或成为空气，抑或是再成为另一个人的旅程了。间或，我也有模糊混沌时，那就只享受每一个太阳升起的一天吧，会通透且自在起来的。

坦然接纳，世间变幻是常态。

我现在在，就好了。

这个世界，我来过，就好了。

这段生命，我体验过，就好了。

15　与未来交朋友，再无恐惧

面对生命终将结束的事实，如果必须要找到心有不甘的地方，那就是一些已经产生于世上的好文字，我无缘与它们谋面了。

站在未来的某个时间点上回看今天的自己，能够帮助我们找到自己真正想要拥有的东西，找到行动的通路，最终收获完美的结局。

我的第一桶金，是投资北京的房子所得。站在未来退休时间点的我在思考，依靠养老金的生活，是我想要的理想生活吗？不是。如果我有房产，通过收取租金就能够弥补退休金的不足。所以，我在2002—2006年投资了房地产，确保退休生活可以滋润无忧。

我的职业转型，是无缝衔接地从专业岗转到了管理岗。同样的思维模式让我在没有生孩子之前就思考生娃之后的境遇，我无法在一线做记者，也不能白天黑夜没有区分地采访了。怎么办？于是怀孕之前，我提前在北京大学学习了人力资源管理，拿到双学位证书后找到领导申请转到管理岗。最终我顺利完成转型，公事私事两不耽搁。

以终为始，站在未来思考问题，你就会先行动起来，事到临头已经做好了万全准备，虽然全世界都在焦虑的境地里，但你却可以从容而通透。

拥有未来思维，不为鸡毛蒜皮的事情焦躁。反思过往，对曾经的某些行为微微一笑，挥手作别。

"宝贝，你别把衣服搞脏了，咱可是刚穿上的呀！"站在未来看，与女儿的成长相比，保持衣服的干净重要还是未来的她不受束缚、肢体协调、自由奔放的状态更为重要？

"他怎么能用那个眼神看我呢？我又没得罪他！""我发了微信他怎么不回复？根本不拿我当朋友！""我被栽赃陷害了。我根本没那么说，我要和他掰扯清楚！"站在未来看，与他人正向的互动重要，还是当下自己猜测被触犯了的感觉更为重要？

"我怎么那么无能呀？这次又失败了！""我就是一个失败者，看别人的朋友圈，生活多么精彩！"站在未来看，这个一时遇到了挫折的自己和在失败中积累经验并爬起来继续探索未来的自己，哪一个更为重要？

著名管理大师彼得·德鲁克（Peter Ferdinand Drucker）在《管理的实践》中讲道："创造未来的行为就发生在今天。没有明天的目标，那今天的行动多半是重复昨天的事。"

因此，德鲁克强调一家企业必须有明确的目标，并根据目标制定战略措施，这样才能在未来取得成功。

这个道理在个人发展层面同样适用。它明示了一个不容易被看见的道理：一个有创造力的人，本质是活在自己构想的未来里。

搭配德鲁克的另外一句话来看，会发现更为真切的道理："成果的取得靠挖掘机会，而不是解决问题。"

一个生活中的例子：直男追求女神，往往脑子里想的是，我需要做到什么你才会跟我在一起？是999朵玫瑰还是一张房产证？于是忙着赚钱，想获得女神青睐。在赚钱的过程中，可能发现女神已经与一位无房、无车、无存款的男生走到了一起。这位男生能让女神开怀大笑，能用心陪伴，能相互滋养，能创造各种机会与女神在一起。

直男，他在解决问题，而不是在寻找和创造机会。他只生活在自己想象的需要解决的问题里，所以失去了机会。

世界上最难，也最该选择的观察事情的视角是站在未来，站在那个还没有发生的时间点上反过来看现在。这是一个最有价值的视角。

持续用未来视角，捏塑时间，减少拖延和无效努力，杜绝负能量和消极影响，再无恐惧，成为理想中的自己将水到渠成。

第二章

能力

像钻石一样打磨它

"你有时候会认为人生没有意义吗？"

刷着手机视频信息，没能按时完成分析报告的波波头张楠，那一刻被沮丧包裹，觉得人生没有意义。被上级批评后，她开始了对自己的怀疑：我会被炒鱿鱼吗？现在公司在裁人呢！我是一个失败者吗？失业了还需要父母养着！我还有在这个世界上生存的价值吗？寄生虫一样活着的人生没有意义！

来，我们换一种问法："你觉得人生有哪些意义？"

啊哈，这个问题的答案那可太多了！今天在地铁站中，看到费力拖拽行李上楼梯的人，我帮了她一把；上个月我用攒的工资给爸爸妈妈更换了手机，他们居然学会了拍摄视频并上传网络；昨天我和朋友一起去了新开的一家美食店，人间美味不辜负。

转念，张楠豁然开朗，兴奋点被激活，专注沉静地快速完成了分析报告的初版，畅快地将报告思路框架提交上级沟通确认，分析结论获得了肯定！原来，"定义"对了问题，就能够激发出好的答案，就能够改变负面的情绪，就可以有效地采取行动，顺利地完成目标。"定义"问题的过程是转换视角的过程，是加加减减的过程。

人生旅程，就是不断"定义"问题和解决问题的过程。

用理性方式让自己走在正确的路上，是通达到理想之地的有效方式。

个人的能力，则伴随我们锁定目标、控制行动和反思复盘中不断螺旋上升而提升。正是不停地追求我们锁定的人生路上的那颗最大的宝石——目标，我们的人生才会焕发最耀眼的光芒。

01　目标，人生中最大的宝石

目标，无处不在。在父母与子女的交谈中、在办公室的格子间里、在会议室的白板上、在新闻发布会的现场……"目标"这一字眼成为教育领域、职场乃至自我激励的场景中绝对的高频词。

波波头张楠要完成报告，是目标；翠花要实现父母的心愿考上大学，是目标；二柱要将小芳追到手，同样是目标；马云要让天下没有难做的生意，亦是目标；埃隆·马斯克要搭建人类能够移民火星的系统，还是目标。

但是，这些真的都是目标吗？这些目标，是有区别的目标。有的目标是局部目标，有的目标是他人的目标，有的目标是单向意愿的目标……有的，它其实不是真正的目标，只是有待完成的任务和有待达成的指标。

真正的目标，是把我们跟这个世界连接起来的真问题。真正的目标，是你在遇到千难万险的时候，依旧想要努力去达成的追求。它是黑夜中高悬的北极星，是阴雨天手握的罗盘。真正的目标，可以让你义无反顾、勇往无前、排除万难去实现它。

也许你觉得那些伟大的目标离现实太遥远，那么请观察或回忆一下你身边的人。

高中时代，大家看似做着同样的事情，每天上学，为什么有的人动力满满，有的人却心不在焉？这不是因为他们的能力存在巨大差异，而是因为他们对未来的目标有着不同的认识。

目标的确立，不受年龄的限定。

瑞恩·希里杰克（Ryan Hreljac）是"瑞恩的井"项目的发起者。他6岁时在课堂上听老师讲述非洲儿童因为无法获得足够干净的饮用水而死亡时，有了一个热切的想法：帮助乌干达修建水井。他以承担家里额外家务的方式用4个月时间攒了70美元，他觉得这笔"巨款"可以实现自己的心愿了。是的，70美元是可以买到汲水的手摇泵，但打井等其他费用多达2000美元！念念不忘的心愿让他更加勤奋地承担更多家务。这是他这个阶段的小策略，他相信坚持下去总能有更多的回报。

"等我存到差不多100美元时，我意识到仅通过用吸尘器打扫卫生的方式是没办法实现目标的，于是我开始去演讲和宣传……就这样一点一点积累，然后我募集到了2000美元，并且还在不断获得支持，然后就发生了后面的事情，以及更多的事情。我募集到了更多的资金，事情顺理成章进展到下一阶段。"

心心念念的目标让瑞恩想到更多的落地策略，承担家务、承担更多家务、演讲募捐、和慈善机构合作、组建自己的组织。他一步一步去做，因地因时制宜地调整着策略，为实现目标全力以赴。

自成立以来，"瑞恩的井"项目已经在全球建造了超过1400个井，为超过80万人提供了清洁的饮用水。瑞恩的慈善组织还开展了一系列其他项目，如卫生条件改善、提供教育支持等。

瑞恩很早就确立了自己人生的"北极星"目标，即帮助他人生活得更为健康。所以，在小小的孩童时代，虽然70美元到2000美元差距巨大，但他不会放弃筹资；长大后成立自己的组织，扩展领域帮助更多的人解决了更广泛的生存问题。

拥有"北极星"目标的瑞恩，也拥有了自己的Ikigai（人生的意义或目的，见图2-1）。

图 2-1　Ikigai（人生的意义或目的）

　　Ikigai 这一思考维度来自日本学者神谷美惠子。"热爱的、擅长的、赚钱的、世界需要的"四圈交集中心被她称为 Ikigai。Ikigai 的含义是"眼下过得不一定如意，但让你始终怀有期望"。就是这种期望，让一个人冲破禁锢、不惧困难、突破极限，开发自我，成长为理想中的自己。

　　"北极星"目标，就是当人掉进水里时，能够镇定地向一个方向游去。方向明确地前进，终会抵达彼岸。

02　"北极星"目标，闪耀夜空

　　如何找到自己的目标呢？

　　出生于河北省保定市涞源县一个小山村里的我，小时候住在自家盖起的平房里。

　　我梳着双马尾站在门口，倚着门框，不用踮脚尖视线就能够越过院墙，看到远在天边的山脊轮廓。

我想知道，山的那一边是什么，于是在心里埋下种子，一定要走出去看一看。扎根在我小小心灵中的目标，就是出去看世界。坚定不移，翻越山丘，向往山那边不一样的世界。于是，我不再自卑出生在一个小山村，因为有路可以通往山的那一边。我通过考入河北师范大学，从小山村进入省会城市，为实现目标迈出了重要一步。

大学校园的高楼林立，来自全国各地的优秀同学，周末校园活动的异彩纷呈，担任学生会活动组织者的无限收获……眼花缭乱的人、物、景、事，无不让我大开眼界，原来人世间还有这样的"风景"。

就像在小山村眺望山那边的景色一样，我的内心又树立起新的目标，就是要拼尽全力去感受这个世界。

我，想要看到更多、感受到更多，还要身体力行去实践更多。

毕业后，我在某地方电视台从事新闻记者工作。

6年后，我放弃编制，放弃工资，自己付学费到中国传媒大学学习，从此我跃上了新台阶。我应聘成为北京电视台生活频道栏目的编辑，继而成长为责任编辑、制片人，最终成为节目总监。

北京，让我感知到更多、更大、更广的世界。

一场时尚活动可以用拍卖的方式操办，一个产品策划可以用全民狂欢那样的设计出圈，一个人在大讲堂的演讲台上可以如此光芒万丈……一样的汉字，但这个人讲出的是普通话，那个人可能讲的是吴侬软语，还有的人说的是客家方言……看到不同肤色的人在故宫对着红墙黄瓦颔首点评，我心想，他们都来自哪里？秋日湛蓝的天空中银色的航班飞向远方，它是要飞往哪里？

我想知道更多。于是，确立新的目标，看过了山那边的世界，我要去看看海那一边的世界。

在"担忧"上做减法，放下不安与狭隘；在勇气上做加法，用勇气与智慧践行梦想。所以，我看过了20余个国家和地区的风景，甚至到达了企鹅王国的领地——南极。目标，会激励着我走到很远。

每个人都无法选择自己的出身，但我们可以利用目标的羽翼飞向自选的终点。

03　跳一跳目标，激发成长

人对目标的追求来自某种层面的心理需求。人们之所以如此重视目标，是因为惧怕"不确定性"。制定了目标，我们在心理上甚至可以忽略一切与这个目标无关的东西。

我自岿然不动，情绪稳定，心神坚定。目标会随着个人的阶段性成长发生跃迁，我们开始追求更高的挑战和更大的成就。我们不再满足舒适区的稳定，而是愿意冒险去追求那些让我们感到激动和充实的目标。突破和蜕变，就这样在一次次的目标提升中润物细无声地孕育着，最终，毛毛虫变成了美丽的蝴蝶。所以，养成习惯，在自己的目标列表上增加发展视角下的新目标，善用列表，在机会来临时才能够接得住。

优秀不是偶然的表现，而是一贯的努力和坚持。

当有利的信息闪过时，有目标列表在那里提示着自己，这件事好有意思，和我的目标有关联，我也可以借力。

目标列表，帮我们开发出无限的可能性。

把这个列表放在电脑桌面的提示栏里，还能够帮助我们抵御打击。

遇到一次会议的争执、遇到绩效考核的失利、遇到一单合同的损失，瞟一眼目标列表，就不会立刻如泄气的皮球而没有了力气。因为单次的输赢、一时的绝望、一个城池的得失，不会将自我认知固化，对长远目标的期待可以帮我们抵消负面情绪。

将目标列表当作利器，在遇到思维固化、脚步停滞、萌生惰意的时候，亮出利器斩断负面情绪，避免一生被卡在某个点位。一时的气馁，只是闪电般的存在，在目标列表的照耀下，黑暗将会过去。

🗄 目标列表工具箱

2025 年我的目标								
自媒体课程	读书	每日听书	职场书2初版	积累素材	职场书3计划	学游泳		画画
模型思维	**学习成长**		成长书1签约	**写作**			**兴趣爱好**	
持续深耕	看更多机会	积累方法论	学习成长	写作	兴趣爱好	亲子时间4h	家人聊天6h	发现闪光点
加薪	**职业发展**		职业发展	**增强影响力**		倾听和请教	**家庭生活**	
			身体健康	自媒体	社会关系			
工作日瑜伽	周末跑步	通勤自行车	学摄影	找对标	看数据	强联系吃饭	弱联系点赞	关键人拜访
年度体检	**身体健康**	每日5000步	练习写标题	**自媒体**	AI工具	减负能量人	**社会关系**	
23:00就寝	6:45起床	午休20分钟	行动	参加小组	供应链			

2025 年你的目标		

　　虽然目标像是和我们玩捉迷藏游戏的伙伴，并不是那么容易就能找到的，但是，"北极星"目标是可以被挖掘出来的。目标可以在一边工作一边感受中找到，可以在兴趣爱好中发现，也可以在认知调整中挖掘。

　　无论是巴士司机、理发师、服务生，还是在法律、医疗、金融等专业领域工作的精英，都有同等的机会找到工作的意义。

　　所以，目标不因职业不同而有高低贵贱之分。在每一个职业领域，都会有一些人看不到自己工作的意义。这些人将工作看成负担也就不足为奇了。

　　其实，工作有怎样的意义，是自己赋予的！有了意义，也就发现了目标。或者是有了目标，更能够挖掘出意义。

　　有研究发现，快乐的人提到的目标感和意义感来源五花八门："做得很棒""贡献社会""帮助他人""养家""支持我的同事""为组织带来改变""将职业道德传承给我的孩子""个人成长""自我展现"……

　　据此你会发现，一个人对人生感觉有意义，集齐三张魔法牌（见图2-2）就可以：第一张牌是"理解"，理解人生到底是怎么回事；第二张牌是"目标"，知道自己要干什么，不是无所事事的状态；第三张牌是"价值"，从衡量自己给他人带来的益处来评估自己的重要性。而且，这三张魔法牌需要集齐，你才能召唤到神龙，才能够真正感觉人生不虚。

图2-2　人生意义

小芳过着日复一日的现实生活。她知道自己每天起床要干的家务（目标），也觉得照顾好了孩子很有价值（价值），但她不理解为什么自己的人生会是这样（不理解）。她感到困惑。

二柱想得很明白，人生没有实质的意义（理解），只有享受当下才是真的（价值），但他不明白为什么在自己快乐地狂刷手机之后心里会空落落的（没有目标）。他感到虚无。

丽丽知道父母倾尽全力将自己送出国学习不容易，她需要将父母的期望百分之百完成才不觉得内疚（理解），她需要让父母未来过上好日子（目标），但她感觉被出国大潮裹挟着安排的人生非常痛苦（没有价值）。她感到沉重。

刘佳从小就喜欢琢磨事。她认为一个人能够来到世上，一定带着上天安排的使命（理解），因此她做每一件事情都要想尽办法发挥出更多更大的价值，为更多人服务（价值）。她是长视频领域的从业者，辛苦制作好内容的过程，她乐在其中（目标），看到用户对内容给予溢美之词时，她志得意满，想做更多。"盲人能欣赏到我们生产的内容吗？他们无法看到这个世界多么遗憾，我做什么才能够让他们开阔视野呢？"几经研究，刘佳集合同事研发出了盲人可以使用的产品引导窗口，与专业人士沟通完成视频的说明文本，寻找到专业录音师配音解说，又联动运营同事推出"盲人剧场"。就这样，她让有特殊障碍的人们也欣赏到了精彩的视频内容。

无数盲人通过刘佳的开拓服务拓展了对美好生活的感知领域。盲人朋友无法用眼神让刘佳知道他们溢满内心的感激之情。他们尽自己所能地表达感谢，连珠炮地说着的谢谢、握手的力道、脸上流露的真挚表情，都是对她行为的赞赏。

刘佳就是集齐了理解、价值、目标这三张卡牌，召唤了神龙。她的日子过得生龙活虎。她早早就活成了自己理想中的样子。当然，像刘佳一样在年轻时就找到"热爱的、擅长的、赚钱的、世界需要的"目标的幸运儿不多。

　　人生的过程就是不断追寻和探索。但是，目标也并不是越多越好，尤其是"北极星"目标，需要绝对聚焦。

　　麦克·弗林特（Mike Flint）是沃伦·巴菲特（Warren Buffett）的私人飞机飞行员，还曾为美国四任总统开过飞机，但他在事业上仍有着众多追求。巴菲特让他列出自己的目标，于是，他列出了一份有25个目标的清单，包括在事业上取得成功、改善身体健康和体能、拥有健康的家庭关系、学习新的技能和知识、阅读更多书籍、学习时间管理技巧、探索新的文化和地方……

　　巴菲特让弗林特审视一下这份清单，然后圈出最重要的5个。弗林特照做了。

　　巴菲特问弗林特："你现在知道该怎么做了吗？"

　　弗林特答："知道了。我现在会马上着手去实现这5个目标。至于另外20个，并没有那么紧急，所以，我可以放在闲暇的时间去做，慢慢把它们实现。"

　　巴菲特说道："不，你搞错了。那些你并没有圈出来的目标，不是应该在闲暇时间慢慢完成的事，而是应该尽全力避免去做的事——你应该像躲避瘟疫一样躲避它们，不去花任何的时间和注意力在它们上面，删掉它们。"

　　在一定的时间内，一个人的认知和精力是有限的。设立太多目标，很可能任何一个都无法被高质量地完成。在信息爆炸、碎片化内容充斥的环境下，"专注"和"聚焦"就更显珍贵。

　　删减多余的目标，将那些发自内心的、感觉加班不会抱怨、流汗觉得舒爽、孤独觉得自洽的保留着；将别人期望的、一时兴起的、强撑着的、太多欲望的目标都删掉。准确辨识自己的愿望，去除自己并不真正需要的东西，化繁为简，会活得更清晰、更高效。

时下流行着这些想法，"早日暴富""遇见真爱""考编上岸""说走就走的旅行""有钱有闲""前途光明""平安喜乐"……有人将这些想法当作目标。但，真正的目标是具体的、可量化的、可实现的。

想要"早日暴富"就找高风险投资渠道，或者购买彩票，或者遇见超级富裕的另一半，或者修改想法为"慢慢变富"更为现实；想要"遇见真爱"就走出去接触异性，一起共事、一起经受考验，筛选出合适的对方；想要"考编上岸"就拼命刷题、模拟考试、找有经验的过来人作面试辅导……否则，想法就只是心愿。

从心愿清单中删除"前途光明""平安喜乐"这样的字眼，将它们改成切实可行的目标，因为有效的目标需要符合一定的条件。

04 SMART目标，着眼当下

目标的确立需要符合SMART原则，即目标需要具备五个特征。

具体（Specific），即目标要明确、清晰，不能是"我要快乐"这样含糊，要指明具体的行动、结果或成果。

可衡量（Measurable），即目标要能够被量化或可衡量，以便追踪和评估进展。

可达成（Achievable），即目标要具有可行性，能够在一定时间内实现。

相关（Relevant），即目标要与个人或组织的愿景、使命、价值观相符，与整体战略相一致，"买一辆新车"与"考取公务员"的目标就不相关。

时间限定（Time-bound），即目标要设定明确的截止日期或时间范围，不能无限期拖延。

　　SMART原则是一把神奇的万能钥匙，无论是组织还是个人，无论是工作还是生活，无论是大目标还是小目标，凡是有关目标的锁头，有它这把钥匙，就都能够打开。

　　符合SMART原则的目标是这样的。

　　提高身体健康水平：在接下来的3个月内，每周至少锻炼3次，每次持续30分钟；

　　提高弹奏乐器的能力：在2025年12月31日前，学会一首流行歌曲的吉他独奏，并弹奏给朋友们听；

　　减少生产成本：在下一财年内，通过优化供应链和流程，将生产成本降低15%。

　　不符合SMART原则的目标是这样的。

　　"更加积极"——不具体。这个目标缺乏具体的行动计划或可量化的标准，无法定义"积极"是什么意思，可以换成每天锻炼1小时或者每周参加社交活动2次。

　　"更加健康"——不可衡量。这个目标缺乏具体的量化方式来衡量健康的进展，可以减轻体重、降低血压或者每周锻炼次数等衡量指标。

　　"成为世界上最富有的人"——不可达成。这个目标可能是不切实际的，因为财富的积累依赖多种因素，如机遇、市场条件和个人能力等，这一目标不可控。

　　"考取会计师证书"——不相关。如果一个人的总体目标是成为作家，那么这个考证的目标与他的总体目标就不相关。

　　"学会一门外语"——无时间限定。没有设定明确的时间范围，比如在1年内达到可以流利对话的口语能力。

　　请你列出三个小目标，用SMART原则来检测其是否合格，并列出行动计划。

📋 **目标工具箱**

我的SMART目标：基于我的"北极星"目标是"增强影响力"（相关），我开始进行自媒体运营（可达成），即从5月份开始，每周在小红书至少发布3篇文章，通过拆解小红书对标账户，研究选题、封面、标题及"小红书体"写法，学习手机拍照（具体），利用半年时间（时间限定），至少实现小红书粉丝涨到10000人且能够变现转化（可衡量）。

你的SMART目标：_____

_____

_____

_____

好的目标除了符合SMART原则，还需要有一定难度（见图2-3），能激发我们内在的潜能，助力我们展翅翱翔。

好目标=可落地+有难度=跳一跳目标

图2-3 好目标公式

老莫，虽然才刚刚进入公司，但他决定找一个突破口，就是提高自己的表达能力，因为他发现"会说"是在职场中成功的关键因素之一，尤其是在工程师的队伍里，善于表达和沟通的人更容易获得晋升机会。

老莫树立了自己的"跳一跳目标"：在一个年度内，要培养自己即兴公开演讲5分钟的能力。

这对终日与电脑交流的工程师老莫来说，是很有难度的目标。当众讲话害羞、紧张、脸红，是老莫要克服的难题。他一步一步增加难度实施自己的计划。

第一步，每一次参加会议时，他悄悄用手机将所有发言录音。

第二步，将会议上特别有建设性的发言反复听、反复跟说，直到自己能够将精彩的语句大声复述出来为止。

第三步，选择恰当的时机，在领导问"还有谁有意见或建议"时，老莫虽然心跳到嗓子眼，但鼓足勇气站起来，将提前做的会议议题研究和打好草稿反复练习的意见铿锵有力地表达了出来。

至此，老莫通过"会说"让领导知道了自己口才好、业务精、善表达的第一步目标顺利达成。

同时，老莫给自己立了一个规矩：在小团队的会议中，不管别人怎样，轮到自己发言的时候，他都站起来大声回应；如果是有PPT演示的宣讲，他就离开座位到屏幕面前带有手势地面对众人侃侃而谈。

同时，老莫参加了头马演讲俱乐部（Toastmasters International）。每周一次的活动练就了老莫即时反馈、迅速组织语言表达的临场应对能力。

一年以后的老莫，成为小团队的发言代表，在公司新春团建的联欢上崭露头角。

在财年末，老莫在众人惊讶的、夹杂着嫉妒的议论声中晋升为小组长，和他同时晋升的同事至少司龄3年以上。在大家看来，这是不可能完成的目标。

老莫被目标驱动着，"公开演讲5分钟"的跳一跳目标达成，还额外收获了火箭级晋升的机会。通过设定突破自己舒适圈的目标并完成它，人能够实现很多不可能！

跳一跳才能够实现的才是最优目标。因此，需要把跳一跳目标和SMART目标结合在一起（见图2-4）。

跳一跳目标鼓励我们跳出现状思考，更有创新；而跳一跳目标下的SMART目标，则让突破创新变得高效和切实可行。

在有生之年看遍世界，是我一生追寻的"北极星"目标。因为有这个"北极星"目标，驱动着一个出生在小山村的姑娘，足迹踏至20余个国家和地区，甚至南极。

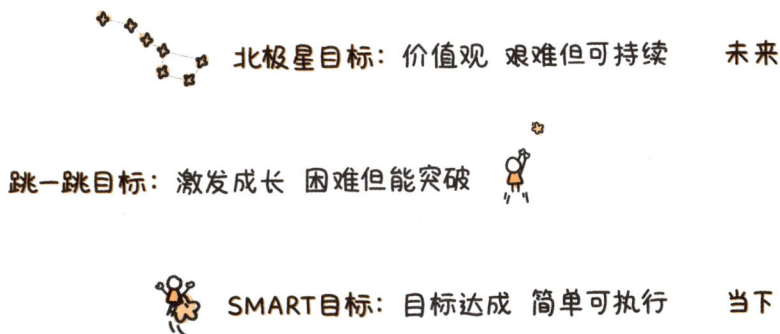

北极星目标：价值观　艰难但可持续　　未来

跳一跳目标：激发成长　困难但能突破

SMART目标：目标达成　简单可执行　　当下

图2-4　目标设定

从小山村到大世界，是因为我在完成一个个的跳一跳目标。小学在涞源县的山村就学，初中到了涞源县城，高中跨县到涿县（今涿州市）就学，大学到了省会城市石家庄。笃信终身学习的我，本科毕业后将求学地定位为中国的北京和加拿大的夏洛特顿。在求学上的一个个跳一跳目标，也让我实现了从省重点的河北师范大学生物系，到中国传媒大学电视学院，继而是北京大学光华管理学院，然后是加拿大荷兰学院，最近完成的是中科院心理所的学习。

起点低并不可怕，一个一个跳一跳目标的完成，送我来到顶峰。

所以人生不用慌，你觉得自己的出生没有掌握先机，或者在一个节点觉得败下阵来异常失落时，没有关系，在人生的马拉松赛程中，你有大把的机会可以重新冲到前面。

人生是一场马拉松，不是百米赛跑。马拉松和百米赛跑的区别是，马拉松赛程中容许你慢下来喝口水，容许你感觉到疲惫和挫折，容许你摔一跤爬起来再赶上刚刚超过了你的人，从挫败中汲取力量，继续跑下去，终会带着收获和感悟抵达终点。

SMART目标让我每天坚持一步一个脚印地前进，每跑一步都是一点进步，积跬步以成千里。

🗂 目标工具箱

健康"北极星"目标：保持一生的身体健康，不让不良生活习惯造成病痛折磨。

健康跳一跳目标：体重维持在50 kg。

健康SMART目标：每周保持蛋白质、碳水、维生素、矿物质的均衡摄入，为满足自己的口欲可以有1次油炸食品的摄入。

你的"北极星"目标：＿＿＿＿＿＿＿＿＿＿＿＿＿＿

你的跳一跳目标：＿＿＿＿＿＿＿＿＿＿＿＿＿＿

你的SMART目标：＿＿＿＿＿＿＿＿＿＿＿＿＿＿

05　控制行动，雕出多彩闪光面

目标锁定，需要持续地控制行动，不轻言放弃，让悔恨越来越少。

励同学，某一年的省理科高考状元。被保送北大，他拒绝了。他想要的是用实力证明自己，将宝贵的保送名额留给了别人。

笑意盈盈是励同学留给大家的印象。那一双透过眼镜看世界的双眼，配上和别人交谈时不由自主上扬的嘴角，妥妥的一张文弱书生的脸庞，但他内心是一个坚韧的筑梦者。

虽然考出了700多的高分，但励同学想要到美国深造。他申请了11所美国大学，结果让人大失所望，没有任何一所大学向状元伸出橄榄枝。虽然决定好了想要的生活却被无情打脸，但这丝毫不影响他采取第二个办法，即付出全部努力到清华大学学习，第二年赴香港大学继续读大二，因为清华和港大有合作项目。但香港大学也不是他的最终目标，和港大进行沟通时他明确提出自己出国学习的目标不变。香港大学并没有阻拦，反而提供相应的支持。因为他梦想的麻省理工大学和港大没有合作项目，励同学决定自主申请麻省理工。辗转联系到录取办公室，老师听完情况问："你为什么不干脆转学过来呢？"居然能够转学！考托福、写转学申请、办签证，在香港大学就读一年后，励同学飞赴麻省理工大学继续大三的学业。就这样，励同学的第三个办法最终奏效。

看似无路可走的时候，不放弃心心念念的理想，路子就通了。开挂的励同学加入麻省理工兄弟会，去非洲做义工，又申请了剑桥大学的交换项目。他的大四学业在英国剑桥完成。清华、港大、麻省理工、剑桥，励同学一年一个学院完成了本科的学业。从作为高考状元被美国大学拒绝，到成为世界各地大学收割机，励同学的求学道路完美诠释了什么是"付出全部努力终会取得理想的结果"。

这样成功的经历让励同学拥有了"肌肉记忆"，认定目标，拼尽全力控制行动就好，心愿终可达成。每一次生活给出的暴击，在励同学的脑海中没有转化成"命运弄人""老天对我不公""好累呀真不想干啦"，而是自动转化为启发性问题——"还有什么办法能够找到通路实现目标呢？"

这个时刻没有如愿的机会，没关系，跳出现有的思维定式，继续寻找其他可能性。不留恋过往的荣耀，不怪罪环境的不公，不停下追寻的脚步，想办法探索通向罗马的下一条道路。

控制行动，绝不轻言放弃！

励同学学会了如何把生活赠予的酸涩的柠檬酿成一杯可口的柠檬汁！

06   果断行动，理想世界为你打开

也许你认为状元的生活离自己太远，没关系，我们可以看看身边的同学、同事和朋友。

全职妈妈"翠花"，发现自己的朋友总愿意问她给孩子买的用品链接在哪里，自己也想买一样的。她严格的选品能力受到宝妈们的信赖，甚至很多素不相识的宝妈都请她代买母婴用品。

"翠花"有一张胖乎乎的脸，笑起来眼睛变成了弯弯的月亮。

她每天自己发传单、贴单、发货……这些别人眼里的苦活累活在她看来理所应当。这些琐事的负担在被认可的价值面前显得微不足道，被需要、被肯定滋养着她。后来，她在淘宝上开了一家店，取名"蜜芽宝贝"，专为母婴群体服务。从创建小店铺，到赢得著名投资人的青睐，到发展线下儿童成长中心，到入选商界木兰榜……跌宕起伏的生活足够精彩。

这，就是在我们身边发生着的真实案例。

"翠花"在《奇葩说》中亮相，她就是从全职妈妈成长为企业CEO的刘楠。所以，如果你有任何目标或想法，就去落地行动，拼尽全力去做。

虽然刘楠后来辞去了蜜芽宝贝CEO，但她"脚踩在淤泥里，但心要向光明"。我相信她会继续践行"我希望生活在一个自己想生活的世界里，但是可能等不及别人来创造这个世界，所以我就自己去做这个世界"。

心中有世界，目标清晰，加一分决心，减一分犹豫，梦想世界将在你果敢的行动中缓缓打开。

07 行动路上，与沟坎做伙伴

方脸黝黑，身材魁梧，是扛着摄像机拍摄新闻的"182"给人留下的第一印象。外号182，是因为一米八二的身高，再加上肩上扛着广播级摄像机，使他在人群中绝对是"鹤立鸡群"。身高为他准确快速地捕捉新闻镜头带来巨大的优势。

182是在家乡的地方电视台工作。能够进入电视台工作的人，通常家境不俗。

182能说会道，又有身高优势，北京的同行提供机会："要不要来北京加入公司一起做点什么？"

182动身出发，心想：去试一试，反正首都和家乡也就2个小时的车程，来回的成本很低的。

但是，三天后，182就返回了家乡。

182离开老家的大房子到北京租房住，很不自在；父母对他在北京的工作爱莫能助，媳妇担心他长期出差在外影响相互的情感，孩子的笑脸在他脑海中召唤着……这些统统都成为182返乡的理由。

有句话叫作："人生由我不由天。"但为一个人撑起一片天的，一定是自己有坚定的信念，具备从根本上解决问题的能力。

一片天坍塌的原因，可能是思想的禁锢，可能是对未来不确定的恐惧，也可能是父母或者另一半的影响，但最根本的，是自己丧失了探索的勇气。

182现在所在的电视台，往日风光不再，甚至连工资的发放都出现了延期。他后悔当初没能坚定地挺过初到北京的艰难，遗憾失去了和"176"拥有同样精彩人生的机会。

176，是和182同期到北京的同事，从住出租屋到在北京买了自己的房子，从在北京电视台工作到进入中央电视台，从电视台任职到跨界互联网领域，一步一个台阶，顺势而搏，应时而动，在工作中看遍了祖国的河山，为孩子提供了超前的养育环境，履历中写满了道义担当……176活成了人人羡慕的样子。

"和房东住在一个屋檐下的别扭那可是一箩筐呀！比如不能用厨房，冰箱中只能放牛奶不许放其他食品，冲澡只有15分钟时间……现在想起来不可思议。如果重来，我不知道是否还能够坚持下来。"176回味着过往。

"但是，人到世间一趟，如果没有做过让自己有些恐惧、有些挑战的事情，那对人生这场游戏就太保守了，会错过太多宝贵的机会。暂时的倒退，是为了未来起跳后能够跨越更远的距离。并且，在这段短暂的同住时光，我得以近距离观察房东一家人真实生活的样子，她们生活的不易激发了我的悲悯心。感恩这个经历让我见识了很多，让我拍摄纪录片更为带感了！"总结自己的感悟，176这样跟他人分享。

如果你的人生不需要任何勇气，你设立的目标不需要任何挑战，你实施的计划不需要任何磨炼，那毫无疑问，你正走在一条错误的路上。

如果你试图规避所有的风险，最终就只会让自己变弱。相反，如果你选择遵循本心，那通常需要面对一定的风险。

所以，在行动前就知道会有阻力、会遇到沟坎、会有暂时的后退，就不会被一时的困难吓倒，就不会被冷嘲热讽所裹挟。

人生长卷（见图2-5），沟坎为墨，行动为笔，盯紧北极星，画出属于自己的独特风景。

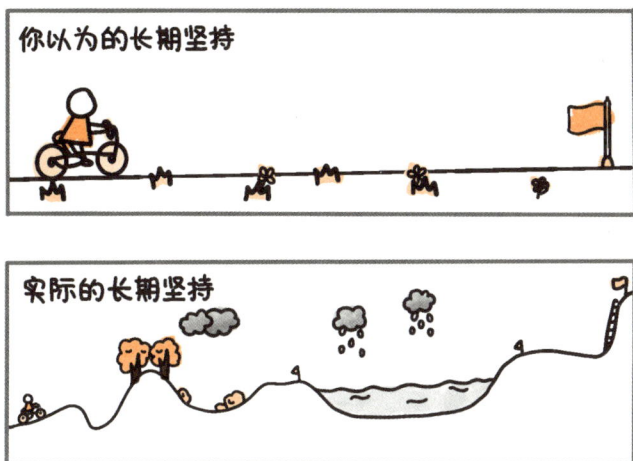

图 2-5　人生长卷

08　复盘，细节决定成败

在实现目标的过程中，我们既需要低头看路，又需要抬头看天。

低头看路是为了防止在混沌中消耗了自己；抬头看天是为了避免不由自主地偏离了方向。

要办成大事、实现梦想，除了有目标导向的具体行动计划，还需要反思复盘每一件事情的效率和质量。

彩虹，小小的个子，眼神里有光。在如今竞争激烈的就业环境中，她依靠在韩国留学的信息差，在公司实习中高品质地完成了韩国综艺娱乐市场调研报告，得以幸运地加入公司大文娱团队。

入职之初，部门负责人对彩虹寄予厚望，将半年工作总结的团队汇报 PPT 的制作任务交给她。但重要的表现机会被彩虹变成了暴露自己缺点的逆境。汇报 PPT 中相关数据在同页内逻辑不统一、在前后页中不一致，成为被诟病的最大问题。自此，重要工作没有再委派给彩虹。

初入职场给人留下的印象分由10分降到了8分。

但职场中可以表现的机会其实还有很多。除常规工作外，彩虹也在努力争取更多表现机会。她主动提出代替团队负责人预定例会会议室、向全员发例会会邀。但半年内，彩虹居然有三次忘记抢定会议室，结果造成团队例会不得不改期举行。

在部门负责人心中，彩虹工作没有章法是缺少规划能力，不能协调会议室是沟通能力欠佳，主动承担的事情无法办成是言而无信。彩虹可能的加分项又变成了减分项。

职场的印象分由8分降到了7分。

团队负责人经常出差。一次包含周末的出差，负责人周五在钉钉上拜托彩虹给其办公室的绿植浇水。彩虹照做了。第二次又出长差，负责人有意想观察彩虹是否会主动帮助照看绿植，结果回来后发现水培植物的叶子蔫蔫地搭在玻璃容器的边上。

彩虹被验证是仅能完成交办的点状任务，不能举一反三主动工作。

最终的职场印象分由7分降到了6分。

年终的绩效考评，彩虹仅获得及格分。同期进入的同事获得了晋升。自此，彩虹的第一个职场阶段就落了下风，真正输在了起跑线上。

从重要事项到小统筹事项，再到看似微不足道的事项，彩虹的表现让自己一步步被减分，处于很可能被淘汰的境地。

形成巨大反差的是阿里巴巴的前台童文红逆袭成为百亿身家的故事。

做前台时，她除了做好所有客户的迎来送往及满足同事的行政需求外，还会举一反三跨前一步给出更为贴心、更为系统的服务。

例如，主动把沪杭之间铁路车次时间表发给常去上海出差的同事；会在夏天安排咖啡吧进一些冷饮备选；还会帮一直打电话找客服的客户解答一些基本疑问……

"我还能再做些什么才能让事情完成得更好？"这是童文红日常复盘中的核心问题。

这样贴心、细致且系统的行事风格，使童文红成为纷繁复杂的"西湖论剑"活动的负责人。一场活动办下来，童文红赢得了全场赞誉。

阿里巴巴扩大规模，要装修创业大厦和安置各团队。童文红拒绝利益贿赂，严控项目进度和质量，让各团队满意入住新家。这一次拿下事无巨细的搬家工程，童文红又博得了满堂彩。

2003年"非典"时期，童文红不但要和上级沟通、汇报、盘点，还要和保安联络，安装紧急疏散设备、安慰并照顾部门里发烧的人，统筹协调保证每一位被隔离员工能按时得到食物和水……在这个过程中，童文红每天几乎没有睡觉的时间。这第三场战役打下来，童文红成为阿里巴巴离不开的大管家。

魔鬼出于细节处。每一件琐碎的小事，都被童文红纳入管理的范围内，不放过任何潜在风险。每一件事都被复盘，成为下一次跃升的基石。在做小事的时候，心中已经装着大事，站在全局的角度考虑，最终成就了大势。

练就能够成大势的复盘能力，需要从细微处着手。

09 系统复盘，包括行为、法则和思维

彩虹决心从及格线上爬起来打个翻身仗。她一点点地努力修补漏洞，从"复盘行为"层面做自我修正。预定会议室，是需要在固定时间完成的事项，利用手机闹钟提醒功能就再也没有错过抢定会

议室的机会。除有效利用管理工具之外，彩虹还运用了加法思维从多想一点点、多做一点点入手做复盘。

负责人出差后委托浇花的事项主动关注；团队伙伴过生日的团建活动，比负责人想得靠前，安排妥当，让大家在活动时出现即可，节省了大家的宝贵时间，也使伙伴们对自己的评价有了改观；负责人中午因参加会议无法脱身取餐，发信息给彩虹请她帮助下楼去取，她不再是取到了就放在桌上，而是检查一下，是冷餐就放入冰箱，是热餐就用毯子盖住保温……

在行动的道路上，反思如何将每一个绊脚石变为垫脚石。

具备了这样的复盘思维，在工作的方方面面彩虹都有了能够被大家看到的进步。逐渐累积起了"这个同学还是比较靠谱"的小信誉之后，彩虹再一次获得了汇总团队绩效报告的机会。这一次，她在提交之前增加了一个环节，请团队伙伴帮助一起审阅报告，修改问题，最终的提交版完全没有错误。

复盘法则，就是主动设定一个让他人介入的节点，请别人帮助自己检视可能存在的问题、提出建设性的意见和建议。而更为高阶的反思，是"复盘思维"。

例如，一位销售经理在拜访客户时发现他们在忙着卸货，于是也撸起袖子加入干活的行列。结束后与客户沟通产品，客户表示这位小伙子不错，不惜力，不见外，有前途，最终合作达成。销售经理记下这个行为可以助力拿单，后续沿用。这是行为层面的复盘。

认真思考后，销售经理发现，关键是要给客户留下好的印象，帮助卸货是好印象，准时到达是好印象，认真倾听是好印象，保持联系是好印象，感谢客户是好印象……做到这些就能够提升成交可能性。这是法则层面的复盘。

再做深入剖析，销售经理明白，一切销售行为都是获取客户的信任，做事靠谱是根本。这种思维层面的认知，可以助其长期雄霸销售冠军的位置。这是思维层面的复盘。在思维层面成长，除复盘自己的工作之外，也要复盘别人的工作。

高效的团队，会以组织晨会或者晚会的方式复盘。阿里巴巴的"铁军"当初开拓市场能够实现常胜的秘诀，就是每天晚上进行复盘。跑了一天的所有销售人员回到公司，会把自己当天的故事讲出来。让每个员工把当天产生的负面情绪都释放出来。复盘的目的不是相互责备，而是释放情绪，是让大家知道：原来我不差，原来我并不孤单。

终于有人讲了成功的故事，就马上分享出来复盘。有人终于见到了客户，他是怎么见到这个客户的？有人成功拿到了订单，他是怎么拿到订单的？有什么秘诀？成功故事在销售团队内分享，在阿里内网分享，在全国营销大会分享。

复盘分享把所有人都带动了起来，不浪费每个人的成功，把好方法叠加起来，抛开负面情绪的影响，为组织目标达成发挥了重要的作用。

10　高段位复盘，"人身分离"和"人神分离"

高段位的反思复盘，是"人身分离"和"人神分离"。

"人身分离"是指从原有的认知中跳出来，形成有效反思；"人神分离"是指避免自己的情绪陷阱，不被负面情绪带偏，理性解决核心问题。

你可以想象在自己的生命舞台上，日常的舞蹈者是自己。反思复盘的时候有一位小天使，是舞台上自己的一个化身，坐在看台上观察着自己。

这位小天使就住在你的脑海里。她大多数时间安安静静睡着，需要时，就会跳脱出来，扇动着翅膀守护你、提醒你，帮你穿越时空看清世事，帮你厘清思路，确定下一步行动。

这位小天使的职责有二：一是纠正错误的想法，修改跑偏的行动路线，击溃怠惰的情绪；二是在你沮丧低落的时候给你打气，送祝福，呵护你走出阴霾。

你写下来的行动计划，每天让小天使帮你审查，看你的行动是否在通往目标的路途中，是否需要被纠正；看你是不是情绪饱满地、享受当下地前进，是否需要补给愉悦的动力，是否需要外力的帮助……一切能够使你更好的，哪怕只是一点点，小天使都不遗余力。

目标远大，若要保有耐力地前行，就要一路照顾好自己。

超文觉得自己最近应该被照顾一下。

他刚被提拔为公司一个部门的负责人，每天工作之前，第一件事是在椅子上坐定，双手合十，闭目在心里默念三遍："我要做一个好的管理者。"

但似乎总是哪里有问题，超文感觉自己距离"好"还有距离。下属小唐对他安排的工作似乎不那么上心，领导见到他似乎没有投来欣赏的目光。

这个不够好来自哪里呢？他头脑中的小天使似乎在睡觉，怎么也想不明白症结所在。好在公司工作程序中有设定，HR要跟新任管理者定期谈心。

"新管理者最容易出现的问题，认为管理是要依靠职权去推动别人，有很多的说教和命令，有很多想当然的东西。而新管理者也往往没有自信，不知道方法，常常认为是别人有问题不配合自己的工作。明天换一个方法，不是布置任务，而是探讨问题，看看会是怎样的结果。"HR作为小天使来照顾超文，提示他做反思复盘。

超文当晚在脑海中发动小天使重新安排第二天的沟通方式和方

法："我要做出一些改变：一是用问问题的方式与小唐沟通这件事要如何做，用探讨推进计划代替下命令的方式和态度；二是改变默默干活的方式，向我的领导多做汇报、多做请示，不让他处于信息盲区。"

之后的小唐，主动推进工作，因为小唐在沟通中的感受是从被安排开展工作变成自己需要主动推进工作，所以能动性爆棚。

领导看超文的眼神里有了温度。超文每天默念三遍的"好"在成功的反思复盘、调整行动后成为现实。

当自己无法实现人身分离的反思时，不妨找朋友、找 HR、找顾问来做自己的分身，用"外脑"获得更理智清晰的反思复盘。

逐渐地，自己会获得人身分离的本领，自己的小天使会降临凡间，自己会具备自己完成反思复盘的能力。

"人神分离"是更需要功力的反思复盘，要求一个人具备不为情绪左右的功力。但不为情绪所困，难之又难。

最近，天选总觉得被束缚住了。这种感觉始于一次例会。

天选在预立项会上侃侃而谈团队的最新创意，期望可以马上通过预立项促进工作落地。用户研究团队的同事小王站出来提出不同看法，言辞之间满是质疑。天选似乎还听出了一些隐约的轻视。

他立即反击，用词比小王更不客气："我自己也是用户，我对这个项目有充分信心！小王你凭什么总是拿你的研究来说事？我团队的人也是用户，你有访问过他们做研究吗？没有的话就不要拿着鸡毛当令箭！"

于是小王也发动起来："我们的研究是基于泛众用户，行业内的人尤其是自己公司的人是要被排除在外的。你们不是典型用户！不要整天坐在办公室就以为自己认识了整个世界！"

各有各的理由，两个人争吵起来。

自此之后，天选感觉公司之于自己的氛围似乎不一样了。领导的不信任、同事的疏离、团队的涣散……这些都在困扰着他。

取到在路上已经预订好的水果，拿出昨天准备好的黑巧克力，带着日常很少使用的笔和纸，神情凝重的天选在周末的一大早就坐到了星巴克靠角落的位置上等候班长的到来。平常周末的这个时间点，天选还在被窝里补觉。

天选今天约了大学的班长来深聊，要剥洋葱一样复盘自己的局面。

班长如约而至，眼睛透过镜片看向天选："事情的过程在电话中已经说过了。和以前一样，来，用纸和笔一条一条列出事情的后果吧。"

1. 会议没有达到目的，必须再协调各团队时间重新开会决策。

2. 实现团队目标的进度大大落后于预期。

3. 为澄清会议事实，不得不在会后跟领导和同事一个一个约谈，解释前因后果。

4. 我们团队和小王的关系，包括两个团队的关系被破坏了。

5. 这个冲突削弱了公司上下对我的信任。

6. 我的情绪从此受到影响，总觉得周遭环境完全变了。

"哎！修复关系、扳回印象、重新组织会议，不知道要再花多少时间……"天选在班长面前愿意敞开真实的自己。

班长帮助他解决问题的方法是写出一个行为产生的所有后果，让他站在未来的节点上回看，会立刻分清楚哪个行为是恰当的，哪个行为是不恰当的。

"那，如果有机会穿越到开会的那一刻，你会怎么做？"

"如果游戏可以重新开始，我肯定选择不跟那位同事计较、以大局为重！后面的这么多麻烦就仅仅是因为一句口角。可惜呀，人生不是打游戏，没有办法重来。"

"现在我们复盘一次，免得后面再发生同样的问题。那本来是一次常规的立项会，你在说明项目的情况。小王提出质疑，其实也是正常的。你的项目确实有一定问题，而且他们部门的职责就包含对项目做第三方'预警'。按理说，你不应该那么在意。可你那次为啥太在意了呢？是因为早上没吃饭吗？是因为昨晚辅导孩子做作业受挫了吗？还是因为小王部门受到领导的肯定，你有些嫉妒？"

"我是太在意这个项目了。这个项目如我的孩子一样。我要护着它，不想让它受到质疑！可能也和前一天晚上没有休息好有关，情绪不稳定……如果当时能按下暂停键，先想一想再回应就好了。"

"好，特别好！有这个感悟就特别好了。一个人之所以平庸就是因为在每一件这样的小事上无法控制自己的情绪，随性而为造成的。冲动的心魔让你一次又一次不知不觉地、自动地陷入被动的境地。长此以往，你一抬头会发现，自己已经出局了，更别说参与到什么重大项目中了。记住，做到"人神分离"，把握这个心法，将情绪因素剔除在外，不要让自己处于不自主的状态，时时刻刻保持清醒！"

"悟了！冲动是魔鬼！做到人神分离！"天选如醍醐灌顶一般。

"是！别人的精力多用于弥补自动反应造成的错误，而你总能直奔目标而去，日积月累就会很了不起。"班长冲天选竖起大拇指。

减去冲动，加强预见，复盘成为未来成就的基石。

我没有面试失败的经历，因为我养成了一个习惯，在面试前会进行演练，设想各种可能会发生的情况，做好应对的各种准备。有预判了，我会自信满满地出现在面试现场，会确信成功的一刻一定会到来，结果就是次次成功了。

聚焦到单个项目的复盘，有四看，看结果、看过程、看得失、看方法论。

　　看结果：复盘时找出当初定下的目标，与实现的结果作对照，看是否达成目标。如果没有达成，差距是多少？如果超出目标，超出了多少？这样，通过数据对比找到不足，或者反思当初目标确定是否具有科学性。不仅要将结果与自己当初确立的目标对比，也要与竞争对手的结果作对比，看自己处在行业中什么样的位置。

　　看过程：再回顾工作开展的具体过程，从开始的团队部署、到具体计划执行、到最后的冲刺，过程的各个阶段都发生了什么，是如何应对的。

　　看得失：分析整个过程中有哪些是做得好的，哪些是做得不好的，原因各是什么。复盘既要盘事，也要盘人。盘事，是为了再次"打仗"时能找到方法借鉴，避开踩过的坑；盘人，是为了选出精兵强将在未来担负重要任务，让有为者有担当。

　　看方法论：复盘最重要的输出就是方法论。方法论是可供借鉴的结构化运作法则，是能够被普遍使用的规律性的手段，是再次落地任务时可以参照的宝典。方法论能够指导我们在未来做类似事情时做得更好。

　　反思复盘可以让自己变得更优秀，让组织变得更高效。复盘可能被认为是耽误时间，复盘可能会带来意见分歧，有时候复盘的决策甚至是后退，但长远来看是前进了。切记，反思不是批评自己。

　　"许老师好：今天真的特别荣幸听到您的讲座，受益匪浅！特别感谢您今天的提点。之前我经常用的反思方法是自责，这个非常伤人。为此，我专门去做过心理咨询，想搞清楚为什么会这样。简单说，我是对自己这个人不接纳，导致了对事件完成度有不合理的高期待，追求完美主义的结果，就是永远不满意。不满意的结果就印证了您说的话：'对内是自责，对外是指责。'今天我突然通透了，知道了自责和自省的颠覆性差异！"

这是我在一次分享后收到的，现在可以直面自己问题的梦花的回应。

梦花对反思复盘有了真切的认知。

反思复盘中，要用自省替换自责，要深刻理解自责对解决问题一点意义也没有。如果处于习惯性自责中，那么就接纳，把适度自责当作监督自己变得更美好的严厉教练。

11　反思复盘，撕下要面子的伪装

反思复盘还可以用讲笑话的方式进行，尤其是做与个人相关的反思复盘，可以用暴露自己缺点的方式进行。

当一个人能够坦然说出自己的失误、缺点、糗事的时候，那么他就彻底地释然了，也成长了，强大了。

曾经，我收到了朋友旅行寄给我的精美巧克力，在扫了一眼包装后分发给团队伙伴，自信满满地给大家解释："这个头像是英女王，这是澳大利亚的名牌巧克力！"晚上回到家，一天的紧张感消失，再拿出巧克力细看，发现巧克力明明是来自奥地利（Austria），不是澳大利亚（Australia），包装上的头像也不是英女王，而是莫扎特！给同事分享的时候我只是瞟了一眼英文单词，就自以为是地认为澳大利亚是英联邦国家，所以包装上的头像一定是英女王了。这是多么地自以为是啊！

是假装自己闹的笑话没有发生，还是第二天向伙伴们解释一番自己犯的错误？"要"和"不要"一个晚上都在头脑中打架。一会儿是"要"占了上风："犯错了就是要认！"一会儿是"不要"占了上风："昨天发生的事儿了，谁还会记着呢？没有人发现你有问题，你去解释了，反而让别人知道你曾经出错了，何苦呢？"

人就算知道错了，也不愿意承认是自己错了，而是会找各种借口来帮助自己逃脱。认错是违背自我保护机制的，因为承认错误可能导致自尊心受损或面临被惩罚。人们常常倾向于保护自己的形象和自尊心，因此会尽可能地避免承认错误。我内心挣扎的背后隐含了认错就代表我英文水平太低了，认错就表明我是一个有瑕疵的人，认错别人就可能会看低我，认错就代表我失去了对一件事的控制感……这些内心戏在脑海里上演了无数遍。但这一次，我想战胜自己，撕下要面子的伪装。

第二天，我鼓起勇气，先是在微信中私信了一位朋友讲了自己发生的糗事儿，他给了我相当积极的反馈："哇呀呀，我今天遇见了全新的Amy！一定要给出三连赞。"

行为改变非常难，所以我选择从小小的改变开始。做了一个突破后，不敢承认自己有错误的面子被撕下来了。释然！

于是，我哈哈哈地自嘲着，把自己昨天犯的错误在办公室里大声讲给同事，冲破了自己从不犯错的纸老虎心态，如重生了一样。

自此，自己的职场影响力反而更有锐度了，因为我已经不再在脑海里上演无数的剧情，不再担心讲错话会影响自己的形象，不再担心偶尔的犯错会影响职业前程，不再内耗自己的心力，而是倾尽全力向前看。同事评价Amy变得生动有人情味了。敢于认错能够增加勇气，敢于认错就不怕担当责任，敢于认错也激发了寻找新突破的能力。

推而广之，吾日三省吾身。如果某件事有参照价值，即使跟我没关系，我也要参照反省，推演一下如果是自己来做，如何能做得更好。

这种反省复盘能力，就像一个人拿到了人生成功的武功秘籍，助力自己掌握最能打的招式，让自己练就了一身无敌的功夫。

撕下伪装，坦诚面对自我，人生的复盘才能到达成就自我的高度。

　　每一次的复盘都像是一场真实的较量，让我们更加了解自己的弱点和盲点，找到提升的方向。随着时间的推移，这种反省复盘能力已逐渐成为我们的第六感，让我们能够在千钧一发之际做出正确的选择，能够看清局势，洞察问题的本质，迅速做出决策，避免陷入困境，取得更大的成功。这种能力让我们在竞争激烈的人生舞台上独领风骚，成为众人仰慕和学习的典范。

　　确定目标，是将宝石雕刻出轮廓；控制行动，则是在实践中不断打磨其光泽；复盘便是用坦诚与自省，仔细检验每一个切面，确保无瑕。减去迷惘与冲动，加入坚韧与决断，将个人能力打磨至如钻石般坚韧明亮。

　　带着钻石行进，便有了人生外挂。

　　终极目标，是活成一个不纠结的人，活成一个对自己、对他人都宽容和充满善意的人，活成一个能够在任何环境下都可以自洽的人。

　　活成这样的人并非易事，但是努力去追求和实践这个终极目标，会使我们逐渐抛开纠结和困扰，拥抱内心的和谐与宁静。通过培养内心的智慧和善意，我们可以成为一个在复杂世界中自由驰骋、与自己和谐相处的人。

　　假以时日，我们不但提升了能力，理想的自己也会被"锻造"出来，目标终会实现。

第三章

CHAPTER 3

健康

不要在被剥夺时才想挽回

要上三个楼层去开会，电梯又处于早高峰的使用期间，所以走楼梯是大家无奈的选择。

刚爬了一层楼，波波头张楠就需要站在平台上休息一下，平复急促的呼吸。一层楼的间隔总共只有两段楼梯，共32个台阶。同事知道她的这个需求，所以每次招呼大家爬楼去开会的时候，都会提前5分钟，预留出足够的时间让波波头张楠准时出现在会议室。

同一时间出发的艾米，在张楠站在楼梯平台喘息的时候，已经做开路先锋到了预定好的会议室，开灯，调大屏幕，坐定，等其他同学到齐。艾米似乎拥有神奇的保鲜能力，年轻的状态被伙伴们认为是健康养生的榜样。被问为什么连续爬了三层楼梯的艾米能够大气不喘，她简单地回答："察觉自己的身体，做深呼吸。"

因为爬楼是高耗氧量的行为，所以需要深呼吸让足够多的氧气供应到身体各处。如果没有深呼吸，身体察觉到氧气不足，就会通过强迫提升呼吸频率来满足身体对于氧气消耗的需求，就会激发人进入喘息状态。

了解了内在逻辑，团队的同事都学会了深呼吸，从排斥上楼梯到接纳，继而享受了"我锻炼了"的满足感。上楼梯不再成为负担。

这就是觉察之后，主动的改变带来的健康收益。

01　健康，根植于良好的习惯中

觉察自己的身体，从每天早上睁开眼睛开始。

如果每天你能够自然醒来，觉得清晨的自己活力四射，没有任何的不适感，那就是最佳的状态，说明你的睡眠、饮食、呼吸没有任何障碍。

艾米，就是每天早上自然醒来，神清气爽。同事中很多人称呼艾米为"宝藏姐姐"，不仅因为她是工作中支持伙伴成长的知心姐姐，还因为她是生活方式及生活理念的自洽者。这种自洽让艾米生活和工作得极其通透。

从背影看，50+年龄的艾米是个大学生模样。长马尾随着她快速的步伐在脑后左右摇摆，活力四射。

飒，是她给人的初见印象。飒的状态，融入了艾米的血液里。身体外形的飒，是基于艾米的生活习惯；状态的飒，是基于艾米的心理魔法。

艾米衣橱里最经典的一件衣服，是深灰色中西式混搭感的小旗袍裙，那是20多年前和先生结婚旅行时在上海买的。现在拉链的拉钩已经老化脱落了，她舍不得丢掉美好的记忆，穿了一根细绳代替拉钩，在特殊的场合还会拿出来穿上，旗袍照旧合身。持续多年拥有健康曼妙身材的原因是习惯。

养成习惯前，艾米挣扎难受过。

初入职场时，餐桌上受到过"不喝酒就是看不起人"的声音折磨；朋友生日聚会中体验过"零点前提前离开是否不礼貌"的纠结；周末休息时左思右想过"是起身去锻炼还是睡个懒觉"。

第一次拒绝喝酒，被对方用各种手段花式相劝。先是套近乎，"酒逢知己千杯少，一杯酒交一世情"；接着是软磨硬泡，"这杯酒我敬你，你可不能不喝""这杯酒我敬我们的贵宾""这杯是领导给满上的，你必须要喝"；最后是威胁，"我就站在旁边捧着酒杯直到你喝了我才会回到自己座位上"。

艾米内心纠结着回应："对不起，对不起，我喝酒过敏，会有生命危险，就不喝吧。"纠结的原因是她需要找借口拒绝，她撒谎了。

第二次、第三次，场面重演。到第四次时，轮到艾米喝酒时，一起的伙伴会帮着说话了："她真的不能喝！"于是，所有人默认了艾米是滴酒不沾的人，再也没有出现过死缠烂打要求干杯的人。

再遇到新的场合，艾米从容应对："对不起，我从不喝酒！"有了之前的坚持，她早已经在内心确定了在酒桌上的应对机制：她可以直抒胸臆了。

坚决对可能损伤自己健康的要求说不。拥有拒绝的勇气，是远离伤害的关键。

拒绝糖，区别于拒绝酒，不那么容易。因为饮酒通常是他人施加压力，但人体对糖的需求，是源于远古时代人类对生存的需求。

但现在环境变了，大部分人营养过剩，糖就变成了一个需要我们和大脑的奖励机制去对抗的东西。人需要付出很大的意志力，才能对抗大脑长久进化而来的奖励机制。

这种对抗是对人性的巨大考验，因为意志力是一种有限的资源，当意志力耗尽时，我们很容易做出不理智的决定，恢复到被本能驱使的阶段。

那就只能顺从接受吗？不，有办法。

过去大脑想让你养成吃糖的习惯，是先培养你的意志力吗？不是，它是通过糖分刺激大脑产生多巴胺和内啡肽这样的神经递质，会奖励你，让你感受到爽，你就会变得喜欢吃糖。所以，我们要学习借鉴这种做法，通过建立一个新的爽，建立一个新的激励机制来代替过去的爽，例如锻炼。

寻找锻炼的最佳方式，艾米经历了一波三折。她尝试晨跑，失败了。将闹铃定在6：00起床的痛苦战胜了跑步后那短暂的舒爽。

尝试跳绳，也失败了。枯燥的原地循环的动作让她心不耐烦。尝试游泳，还是失败了。到泳池来回的时间消耗和从泳池湿漉漉出来还需要冲澡的麻烦让艾米感觉付出成本过高。尝试打太极，坚持了近两年的时间，但因为太极老师搬家，没有人一起在广场承受他人投来的目光而告一段落……直到尝试了瑜伽，艾米才算找到了最为适合的方式。

爱上瑜伽也是经历了一段小小的波折。开始做瑜伽，艾米跟着视频平台的一段录像进行。30分钟后全身舒展、微微出汗的感觉令人惬意和满足。

但问题又来了。一段时间之后，每天同样的姿势让艾米觉得无聊。

在朋友的提示下，艾米找到了一款瑜伽App，各种瑜伽流派、各种主题的瑜伽课程、各种体式的详解……简直应有尽有。

如今，艾米固定了三套课程，分别是10节课为一个周期的"新手进阶计划"、25节课的"5×5腹肌打造计划"、5节课的"释放压力—亚健康调理计划"三个课程。前两个课程作为常规的练习，隔天交叉进行；第三个课程最为舒缓，在工作极其紧张的时候或者是生理期期间练习。每节课的内容都不重复。课程完美。

艾米练习瑜伽的时间固定在每天下班后的18：00~18：30。这个时间容易坚持，领导和同事基本都去餐厅就餐了，不用担心因没有马上回复信息而被挑剔。锻炼30分钟后也能够确保公司食堂还有比较多的可选餐食。时间完美。

艾米选择的地点最初是在公司健身房的一个角落。健身房有跑步的、有打乒乓球的、有练习器械的，艾米容易受到干扰，并且瑜伽引导语及音乐的声音不能太大。于是，艾米选择在办公楼最顶层的楼梯间小平台进行，没有任何人打扰，完成练习后小睡10分钟也丝毫不尴尬。地点完美。

课程完美、时间完美、地点完美，艾米的瑜伽健身已经坚持了十余年。

念念不忘，必有回响。不放弃地寻找，总能够找到最为适合的方法。

所以，很多事情都不是一朝一夕之间能确定的。完美的结果都是经历了反复尝试、不断比较，甚至是推翻重来后才取得的。

健康，就是养成了习惯，在日常起居坐卧之间不知不觉地完成锻炼，而不是需要龇牙咧嘴地战胜惰性才能完成。

身体健康就是我们要对自己的身体有觉察，让每一个有缘成为我们身体的细胞能够自在平安，那么作为整体的我们也就健康无恙。

一年前，新加入公司的同事杨飞第一次介绍自己时就说自己的昵称是"肥肥"，和自己的身形非常吻合。第二周，她的工位空了。艾米以为她不适应工作离职了，但第三个星期她又出现在工位上，向艾米倾诉："太难受了，上周我频繁跑医院。全身不舒服，看了西医也瞧了中医，拿了很多药。你看看，光这些药就能够吃饱，不用吃饭啦。"

艾米被大小各异、五颜六色的西药，还有一袋袋的中药汤震惊到了。她关心地问是什么病，有没有可能通过锻炼来解决问题。

杨飞胖胖的、略微浮肿的脸上现出愁容："我没法跑步，因为我有些超重，跑步会冲击膝盖，会关节痛。""哦，这样呀。那游泳对你来说是个好方式。它是最安全的锻炼方式，不会伤到膝盖。"

"不行不行！"肥肥的头摇得像拨浪鼓，"游泳馆里面那种刺鼻的气味我忍受不了，进去就想吐！"

"我每天都在做瑜伽，做完后周身舒爽，以前手冷脚冷的毛病都没有了。你试试瑜伽？""艾米，你看我这个身材，连弯腰都困难，瑜伽那些姿势对我来说就是上刑！"

"那快步走？不伤膝盖、没有气味、无高难动作。"

"快走？那也太无聊了吧！而且走路消耗的能量并不多，对减肥和塑身没有啥效果呢！"

艾米岔开话头，没有再提任何的建议。她知道即使是100条建议摆在肥肥面前，肥肥也有101个理由拒绝动起来。

抵触锻炼是肥肥头脑中的"无意识"，她宁愿用花钱看病的方式解决身体不适的问题，也不想通过运动来强健体魄。

肥肥的想法无可指责。从自然选择的角度来看，身体进行能量分配时，"不动"的状态自古以来都是非常重要的明智之举。

所以，当你不想锻炼，瘫坐在沙发上；当你为了少走10米路，想都没想地把车停在了离商场最近的位置上；当你坐地铁习惯性地走到电梯旁时，不必责怪自己懒惰，也不必产生罪恶感。因为这再正常不过了，这是人类根深蒂固的"节能倾向"在发挥作用。

不过时代不同了，我们来到了"能量过剩"时代，就需要克服先天的"惯性"。

其实动起来没有那么困难。除了瑜伽，艾米在日常生活中利用更多的招式达到了健身目的。她引以为豪地将自己健身的方法命名为"艾米习惯叠加健身法"。

艾米习惯叠加健身法：

走路提速：让迈出的每一步都是一次微小强度的锻炼，积少成多。

站立办公：站立写报告，不仅能健身，还有利于聚精会神，提高工作效率。

腿部拉伸：脚跟着地，用力拉伸腿部后侧，酸爽感觉贯穿全身。

双腿离地：坐姿时在条件允许的情况下将双脚抬离地面，锻炼腹肌及大腿，腹部平坦不再难求。

伸展肩颈：团队会议中双臂交叉于身后进行拉伸，肩颈不再酸痛。

呼吸锻炼：有意识地掌控呼吸，扩张胸廓及腹腔，牵拉内脏进行锻炼，获得由内到外的愉悦。

手梳头、轻扣齿、手对抗……花样百出的方式都被艾米纳入呵护身体的列表中。这种脑洞大开、层出不穷的方法让讨厌一成不变的艾米享受着开发创造的愉悦，成就感满满。

就这样悄悄地，抓住一切可能的小小机会，艾米的习惯叠加健身法让她轻松实现从头到脚的完美塑造。她感受到自己全身的每一个细胞都被关注、被呵护、被爱惜着，每一个细胞也都在积极地响应，让她每天感到周身舒爽、活力四射。

你看，在最日常的场景中叠加上小小的动作，即使坐着不动也能够达到锻炼的目的。

你的习惯叠加健身法：

02 If-then，让习惯串联

如果这样润物细无声的低门槛"习惯叠加"方式还是无法激起你的锻炼欲，那么"习惯串联"的方式也许可以产生效用，这种方式也被叫作"If-then计划"。

If-then计划不仅可以用在激励锻炼计划落地上，还可以用在任何有一定难度的计划中。

小柳想提高英语水平，但她不太愿意练习口语。她决定，如果每天练习英语口语15分钟（If），她就可以和朋友去最喜欢的餐厅吃饭（then）。

小李想每天吃甜点，但她也想保持健康的饮食。所以她定了规则，如果她一天中吃的都是健康食物（If），那么晚餐后她可以吃一小份可口的甜点（then）。

小马想每天都玩电子游戏，但他也想有良好的学习成绩。所以他写下约定，如果一天中都认真学习（If），那么晚上他可以玩半个小时的电子游戏（then）。

If-then计划除这种"奖励"方式之外，还有另一种"习惯串联"方式，就是找一个你日常生活中的既定动作，比如刷牙、停车、冲厕所、穿鞋、关电视等，然后把你想要培养的那个微小习惯接在这些既定动作之后。

很多非常难以执行的计划和某种不得不做的行为串联在一起后，"计划"成为顺势而为的行动，丝滑推进。

每工作2小时活动10分钟，很难执行。If去卫生间，then活动10分钟，就容易了。

If-then的原理是把"计划养成的习惯"与"日常要做的事情"建立连接，形成条件反射，避免过多的决策带来精力损耗，进而提高执行力。

艾米将If-then计划介绍给肥肥，并给她出了一个主意：If需要去卫生间，then你绕着工位转那个大一点的圈走一个来回，就能够多走上几步，也算是锻炼了。

这一次肥肥居然接受了建议，开启了最简单的健身行动。

艾米也在朋友群里介绍了If-then计划，于是生发出了各种各样的创意，应用到了各种场景："我总是把手机和Kindle放在一起，并在大脑中植入一个If-then：If想刷手机，then打开Kindle，哈哈哈。""我刷完牙关上水龙头的时候，就做3个深蹲，并对自己说'你做得可真棒！'""现在我要对男朋友发脾气的时候绝对会抑制住，因为我们规定了谁先发脾气谁就在接下来的一周内洗碗，那是我最不愿干的活儿。"

If-then就是具有神奇的魔力。

你的健身If-then计划：

If-then为什么这么好用呢？

因为我们在日常生活中自然而然地有很多既定动作。这些动作就是一套最自然的提示库。这些不用动脑子就会做的行为是最好的触发器，让它们成为诱发下一个行为的开关。新的行为能够接在这些既定行为之后，成为顺手而为的事，不用再消耗多余的精力和能量重启另一套行动计划，就很容易落实。

If-then行为模型的发现来自美国心理学家布莱恩·杰弗里·福格（Brian Jeffrey Fogg）。他洞察到人的行为发生需要满足触发条件、能力和动机三个条件。

"触发条件"指的是某些事件或事物，会引发我们采取某种行为。例如，闹钟响了，你就会起床；看到广告，你可能会想买东西。

"能力"指的是做某件事所需要的物质、时间、知识、技能和体力。例如，你想找教练去健身，你就需要有健身房的会员卡，有时间去健身，知道如何锻炼，并且有体力去锻炼。

"动机"指的是做某件事的强烈愿望。例如，你想减肥，你就很有动力去健身。

当触发条件、能力和动机同时存在时，人的行为就很容易发生。例如，你的闹钟响了，你又想锻炼，而且你有健身房的会员卡，又有时间去健身，也知道如何锻炼，并且有体力去锻炼，那么你大概率会起床到健身房去。

If-then行为模式对于理解和改变行为具有重要意义。它可以帮助我们识别我们行为的触发条件、能力和动机，并根据这些信息采取相应的措施来促使行为发生。例如，如果你想更勤奋地锻炼，那么你可以设置闹钟提醒你起床；你可以在健身房附近租一个房子；你可以找一个健身搭档一起锻炼；你可以学习健身知识；你可以找一个喜欢锻炼的伴侣……

如果领悟了If-then行为模型，你还是无法启动去锻炼，那么运用激励或者绑架自己的强烈心愿的方式一定能够奏效。

例如，你在下单购买心心念念的漂亮衣服之前，设定一个锻炼计划，每天快走8000步持续达到30天（If），才可以付款得到那件朝思暮想的服装（then）。假如你想完成100篇公众号文章，但你觉得任务艰巨并且有拖延的倾向，那么你可以决定完成公众号写作（If）的那一刻就是你订购向往已久的出行机票的时刻（then）。

这种回馈奖励的设定，或者反过来说是绑架挟持的设定，必备条件是诱发因素要有足够的强度，必须是一旦被剥夺就会严重影响到你的人生满意度。

这是在倒逼自己采取行动。

"我结合If-then模型，不运动出汗就不洗澡，现在基本养成运动习惯了！因为我绝对不想脏着上床睡觉，必须锻炼出汗再洗澡，所以现在几乎每天都能坚持锻炼了。我已经坚持21天了！"肥肥在和艾米眉飞色舞地分享这个新发现。

自此，除差旅之外，肥肥再也没有从座位上消失过。

健康不是留待将来后悔，而是每日坚持积极的一小步。

03　均衡营养，种下身心灵活的优质种子

锻炼之外，饮食，是维持身体健康的另一件至关重要的事儿。

午餐要订外卖了，团队同事七嘴八舌地讨论："今儿上午的会开得可太费脑筋了，咱们点大盘鸡补补脑子吧！"喜欢肉食的鹏哥第一个发言。"啊，大盘鸡油腻腻的，下午还有会，咱们应该吃清淡点

保持脑力，轻食沙拉好不好？"最近在计划减肥的瑞瑞反对了。"最近咱们附近新开了一家超级火的串儿，被朋友安利很久了，咱们订这一家吧！""尝新"被梦洁奉为选择的第一原则。

遇到这样的场景，艾米通常不说话。当所有人看向她时，她说："今儿大家选择订餐，我来选择订水果。"或者说："秋天了，我来负责给大家订下午茶的甜点，因为我发现了世界上最好吃的板栗蛋糕。"抑或说："蒸菜，特殊做法，要不要尝一尝？"

大家选择的餐食已经足够丰盛时，艾米会选择加点水果为大家补充更多的维生素；大家选择的是轻食时，艾米就决定在午后增加以碳水为主的甜点；遇到新发现的采用健康烹饪方法的菜式，艾米会直接推荐给大家。

艾米做出选择的核心标准简单明了，是要求在"荤素搭配营养足够全面"条件下的"好吃"。

这源于她的生物学专业。人体是由细胞构成，细胞需要各种营养素构建，营养素可以考量到分子级别……这些串联的知识让她习惯于穿透食品的"表象"去看营养素的"本质"。"本质"就是看蛋白质、碳水化合物、脂肪、维生素、矿物质、膳食纤维和水这七大类营养素在餐食中是否都有搭配。因为这样的背景，艾米不知不觉总想要纠正朋友们的饮食习惯，像显微镜一样放大细节找问题，也因此被朋友们命名为"美食警察"。

这个命名来源于一次聚餐。作为北漂，艾米有一帮喜欢呼朋唤友轮流到各家里聚餐的圈子。大多数时候做东的一方选择订外卖，省事。

这一次轮到的朋友大刚身如其名，敦敦实实，超级喜欢下厨房，一个人三下五除二，一会儿工夫就有七个菜摆上了餐桌，香味扑鼻。六菜一汤分别是白灼虾、花生煲猪蹄、砂锅豆腐、凉拌黄瓜、炒土豆丝、煮花生米、鱼头粉丝汤，主食是烧饼。

5个人吃7个菜，应该是绰绰有余，可艾米总觉得还是缺少了点什么。问题出在哪里？"你做的蔬菜实在太少了，严格来说就一种，黄瓜。给你就宽松点要求，把砂锅里的这一点点白菜算上，也才两种。你这位大厨不合格！"对于超级熟悉的朋友，艾米评论起来毫不客气。

"嗨嗨嗨，戴眼镜的你好好看看，咱不是还有炒土豆丝吗？"大刚也毫不掩饰地乐着回敬。

"土豆的主要成分是淀粉，它属于主食，不是蔬菜；还有粉丝，也是隐形的主食。你这一桌子准备的，主食是3种，蔬菜就这么一点点，你是想看着我们都胖成小猪吗？"4位女生觉得艾米有些挑剔，大刚忙着做饭，还被一顿挑刺儿，这不公平。可关系到大家都关注的身材，所有人都站到了艾米这边。大刚被呛得无言以对。

"好好好，我投降！你这位美食警察对对对，以后我做饭先和你报上菜单审定好不好？"

"那你说清楚点，到底怎么吃才是健康的？"

"吃健康很简单，就是一个词儿：营养均衡。细节都在这张图上（见图3-1）。"艾米把信息共享到朋友群里。

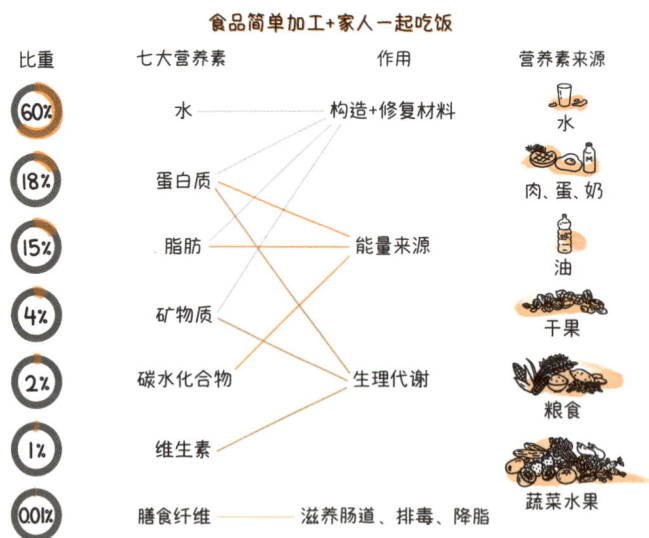

图 3-1　人体生命的构成与动力

饮食中"加"上色谱般的营养搭配，"减"去无谓的负荷，每一顿饭都充满健康的仪式感。

"谢谢我们的美食警察！"大家七嘴八舌地作揖应和。

自此，"美食警察"成了艾米在朋友圈子里的代称。

"警察请帮我戒掉薯片！""这个最好解决，把现有的薯片分给大家吃了，然后停止买薯片。如果实在一次性割舍不下，这么办：把薯片从你顺手就能够到的地方改放到衣柜的顶上。你特别特别想吃的时候吃两片，只能站在柜子边吃，绝对不能带到沙发上吃，吃完马上再放到柜子顶上。"

"哇哦，警察够狠！""无它，只不过是借用了管理学上的一个小小思路。你想促成一件事情的时候，就降低它的门槛。你想阻止一件事情的时候，就抬高它的门槛。"

"警察帮我戒掉奶茶呗！""把你每天买奶茶的钱放进一个专用小金库，或者转给我帮你存起来。要不了半年，你心仪很久的那个粉色蓝牙耳机保证到手！"

"警察帮我戒掉脂肪呗，我要减肥！""停停停！！！辣辣，你的这个请求警察不答应！！！""哎，为什么别人的要求回应得那么痛快，到我这儿就变啦！还都是三个惊叹号？哼，偏心眼！！！回你三个惊叹号！！！"

"别急别急，我把前同事丽丽的事告诉你，你就知道了。"

04　在病痛面前，减肥不值一提

丽丽，高挑身材，气质超群。她被一家时尚公司选中，顺利入职。受新认识的同事影响，她喜欢上了cosplay（角色扮演）。芭比是她最青睐的形象。

以芭比作为自己的造型目标，丽丽决定要塑造魔鬼身材。

第一步，从制订减肥计划开始。

在丽丽的认知中，胖的主要原因就是饭菜中的油脂在作怪，所以减肥计划的首要行动就是千方百计降油降脂：坚决拒绝含有高脂肪的肉类；在家吃饭，吃的菜不用油炒；和同事外出就餐，碰到有油的菜要用清水涮一涮再吃。丽丽的妈妈开玩笑说："你现在和咱家的猫咪雪球就是两个极端：一个是凡有荤腥一律拒绝；另一个是没有荤腥一概拒绝。"

除注意饮食外，丽丽每天还要运动 1~2 个小时。一段时间后，成效显著，别人都夸她身材好。

和芭比的身形样貌逐步靠近，丽丽心情舒畅。

但是，她自己逐渐感觉到了其他变化：眼睛发干，皮屑很多，还总觉得气短，时不时要舒一口气，睡觉时必须垫高枕头，而且一定要向右侧卧。如果头部低一些或者向左侧躺下，热热的胃酸就会涌向咽喉，伴有强烈的胃灼热感。

越来越难受的丽丽不得已去挂号，看消化科医生，被医生诊断为食管反流炎症。B 超检查，发现胃下垂严重。尿常规检查，发现尿液中出现蛋白质阳性和潜血等问题。丽丽觉得特别委屈。自己饮食节制，运动规律，没有不良嗜好，怎么就出现了这么多问题呢？

医生明言："你的腹部脂肪缺失，导致固定胃的韧带和网膜不牢固，没有了支撑作用，胃受重力影响而下垂。"

原来，罪魁祸首是缺乏油脂的摄入。所以，七大类营养素一个都不能少，每一种营养素缺乏都会造成身体这样或那样的问题。

为什么要强调从营养素视角看饮食呢？因为人体维持生命力的过程是新陈代谢的过程，是细胞自我修复的过程。细胞修复需要的原料就来源于每一天食物中的营养素。

营养素	营养素缺乏时表现的症状
蛋白质	生长迟缓、体重减轻、肌肉萎缩、水肿、贫血、免疫力低下
碳水化合物	疲乏、无力、精神不振、注意力不集中、易怒、心跳加快、呼吸急促
脂类	皮肤干燥、毛发稀疏、指甲脆弱、视力下降、夜盲症
维生素	维生素A缺乏症　夜盲症、干眼症、皮肤干燥、毛发稀疏等 维生素B_1缺乏症　脚气病、精神不振、食欲不振、消化不良等 维生素B_2缺乏症　口角炎、舌炎、皮炎等 维生素B_6缺乏症　贫血、神经炎等 维生素B_{12}缺乏症　恶性贫血、神经系统疾病等 维生素C缺乏症　坏血病、牙龈出血、皮肤瘀斑等 维生素D缺乏症　佝偻病、骨质疏松症等 维生素E缺乏症　贫血、肌肉无力、生殖功能障碍等 维生素K缺乏症　凝血障碍、出血不止等
矿物质	钙缺乏症　骨质疏松症、佝偻病等 铁缺乏症　缺铁性贫血等 锌缺乏症　生长迟缓、免疫力低下、皮肤疾病等 碘缺乏症　甲状腺肿大、呆小症等 硒缺乏症　克山病、大骨节病等
膳食纤维	便秘、腹泻、肠癌等
水	脱水、电解质紊乱、休克等

把身体修复比作盖大楼，如果材料不足、质量不好、搭配单一、磨洋工、以次充好……那就是自我坍塌的建筑工程。在偷工减料的情况下，最终建造出的就是一项豆腐渣工程。

构建细胞所必需的养分没能供给上，身体势必会是千疮百孔，只不过被皮肤覆盖着无法被眼睛直观看到，但病痛会说出真相。

有人会说我从小不喜欢吃羊肉，那种膻味我受不了。这是娘胎里带来的，非让我吃我难受。

其实根本不用难受，从"本质"的层面去看都能够解决。羊肉富含蛋白质、铁元素，你可以找到平替"鸡肉＋猪肝"来完美解决问题，核心是保障七大营养素齐全且比例均衡。

艾米为家人和朋友建议过各种平替食物：

不吃⊠	平替☑
鱼类（讨厌荤腥）	豆制品（如豆腐）、鸡蛋、螺旋藻（海洋性植物，含有Omega-3）
不吃坚果（过敏或其他原因）	种子类（如南瓜籽、向日葵籽）、全谷物、蔬菜（含有必需脂肪酸）
乳制品（乳糖不耐症或不吃动物产品）	植物奶（如豆奶、杏仁奶）、钙质丰富的蔬菜（如羽衣甘蓝、菠菜）
不吃鸡蛋（过敏、素食主义者）	番茄豆腐（作为早餐的替代）、亚麻籽（磨碎混合水作为蛋的替代）
不吃猪肉（宗教或健康原因）	火鸡肉、蘑菇（口感类似肉质）、豆类
小麦（麸质不耐症或过敏）	荞麦面、米粉、玉米面
豆制品（大豆过敏）	鹰嘴豆、扁豆、鸡肉、鱼类、质地类似豆腐的菜品（如滑鸡片）
甲壳类海鲜（过敏）	鱼类、海带（含有类似的海味及微量元素）

你的不吃与平替：

_____

_____

_____

_____

_____

被丽丽的故事惊到了的辣辣表情震惊："哎呀呀，谢谢警察提醒！在病痛面前，减肥不值一提！"

"哈哈，听真话就好！你知道最难的是什么吗？是很多人被庞杂信息绑架了自己的理念，从而随意地确定了自己的饮食标准。什么'吃鸡蛋要千万注意把蛋黄丢掉，避免胆固醇过多'啦；什么'咱们要少喝牛奶少吃肉，因为饲料添加剂让肉奶不安全'啦；什么'如果想减肥，你就应该彻底戒掉碳水化合物'啦……这些林林总总的概念你可千万别信！"

"看个体""看全貌"是艾米说到健康时的口头禅。

每个人的先天体质不同，生活状态不同，目标需求不同，所以适合吃什么、需要调节什么也完全不同。

例如，一个缺铁性贫血的人要多吃红肉、鸭血、猪肝等，可以补充充分的铁；一个数据分析师要多吃三文鱼以补充大脑需要的脂肪；一个胆固醇高的人需要减少蛋黄摄入……

所以，没有整齐划一的杠杠，每个人的食谱都需要因人而定。

艾米的头脑中冒出很多值得分享的信息，总结一下，要信的就一句话："别挑食，啥都吃！这是让咱们既聪明又健康的根本！"

舌尖上的科学除了吃什么之外，还需要注意的是按时吃。

按时吃饭的重要性丝毫不亚于规律作息。规律地吃，可以帮助人调节促进睡眠的褪黑激素、促进食欲的饥饿素，以及抑制食欲并加快新陈代谢的瘦蛋白。

褪黑激素是由人体脑下垂体分泌的激素。它影响生物节律，控制我们的睡眠和觉醒周期。褪黑激素水平在夜间上升，并在早晨下降。当我们保持规律的作息和就餐时间，就能帮助自己的身体产生正常水平的褪黑激素，从而帮助我们进一步保持良好的睡眠习惯，并改善整体健康水平。

饥饿素是由肠道分泌的荷尔蒙，它会刺激食欲。当我们空腹时，饥饿素水平会上升。它告诉我们的身体需要吃东西来补充能量。饥饿素水平也受其他因素的影响，包括身体的活动水平、压力水平和睡眠习惯。保持规律的作息和就餐时间，就能帮助身体产生正常水平的饥饿素，以维持健康的体重，避免暴饮暴食。

瘦素是由脂肪细胞分泌的荷尔蒙。它帮助调节食欲，促进新陈代谢。瘦素水平在我们吃饱后会上升。它告诉我们的身体已经吃饱了，不需要再吃了。瘦素水平同样也受活动水平、压力水平和睡眠习惯的影响。规律作息和就餐就能帮助我们的身体产生正常水平的瘦素。我们得以拥有健康体重，避免肥胖。

你吃了什么，你怎样吃，塑造了你。现在的你是过去的你吃的每一餐饭积累起来的你，未来你的健康也是现在的你选择出来的。

确定下属于你自己的一周健康食谱吧，不要忘记标明吃的时间哦！

🗒 健康食谱工具箱

我的健康食谱：三结合。

1. 五类俱全公式：优质碳水＋优质蛋白＋高纤蔬菜＋维矿水果＋优质脂肪。

2. 食材常规组合：我的早午晚餐万能公式（见图3-2）。

我的早午晚餐万能公式
优质碳水＋优质蛋白＋高纤蔬菜＋维矿水果＋优质脂肪

乡村口味	芋头	土豆	玉米	全麦面包	燕麦	南瓜	红豆	鹰嘴豆
肉蛋奶达人	带鱼	桂鱼	三文鱼	基围虾	牛奶	鸡蛋	奶酪	豆腐
偏爱吃素	胡萝卜	白菜	彩椒	菜花	苦瓜	蘑菇	菠菜	茄子
水果大户	西瓜	葡萄	草莓	芒果	橙子	香蕉	蓝莓	苹果
坚果捕豆	腰果	花生	板栗	开心果	杏仁	松子	核桃	瓜子

图3-2　健康食谱万能公式

3. 适时而动做调整：不拒绝尝鲜，且视工作强度变化做调整和补充。例如，加班后睡前摄入低糖食品，一个苹果和一盒低脂酸奶；或者一个橘子加 5~8 颗杏仁；让它们在睡眠时帮助我修复细胞，减少起床时的乏力感。

你的健康食谱：_____

_____

_____

05　被忽略了的一呼一吸

除锻炼和饮食之外，另外一个常被忽略的、影响人们生活质量的因素是呼吸。

我们不吃东西可以活数周，不喝水也能活几天，但是没有空气就只能活几分钟。就生存的重要性而言，空气排第一，水排第二，食物排第三。

一呼一吸在不知不觉之间进行。我们所有人都在呼吸，但很少有人意识到呼吸与健康的重要关系，很少有人懂得如何好好呼吸，更不会想到将呼吸与饮食、睡眠放在同等重要位置予以关注。

在呼吸的背后，存在着一个有待探索的世界。

呼吸是所有生命的基本活动，也是我们身体最基本的自愈机制。它就像一个巨大的泵，将氧气送到我们全身，并从我们的器官和组织中带走二氧化碳。

有效利用血液中的氧气，是释放身体的潜能、实现身体最优化运作的根本。

氧气有效利用的关联伙伴是二氧化碳。这里称二氧化碳为"伙伴"是有科学依据的。血液中的二氧化碳是体内呼吸循环代谢的一个重要因素，适量的二氧化碳能使身体更有效地利用血液中的氧气。

也就是说，如果二氧化碳的量不足，那么氧气也无法从血红蛋白那获得释放，就无法让身体获得充足的能量。

氧气供应不足的肌肉，就不能按意愿做有效的活动，运动中身体会不听使唤，即便大口喘气，也不能将氧气有效供给肌肉，相反，氧合作用还会减少。

所以在运动中张开嘴大口吸进氧气，不能使身体各部位的肌肉获取更多氧气，反而会因换气过度限制了血液中氧气的释放，导致肌肉的活动能力下降。这个效应被叫作波尔效应，由丹麦生理学家克里斯蒂安·波尔（Christian Bohr）发现，因此而定名。

波尔强调的是，血红蛋白只有在血液中二氧化碳浓度适当的情况下才能释放氧气。换气过度，也就是氧气摄入过多，就会导致肺、血液、组织和细胞中的二氧化碳的量低于适当水平。这种状态叫作"低碳酸血症"。

正确的呼吸方式是让血液中的氧气和二氧化碳保持在恰当的平衡状态，氧气和二氧化碳不能过多也不能过少，需要让它们相互协同，顺利完成给肌肉的供氧和换气任务。

这还真是一门值得注意的技术活，因为不知不觉中，如果呼吸不够科学就可能伤害到了我们。现在很多人肥胖、疲劳、失眠等，有些可能就是自己不易察觉的呼吸障碍造成的。呼吸关联的症状，只有通过改善呼吸方式才能够达到治愈的目的。

清醒时候，如果总会不自觉叹气，大多是呼吸有问题；睡眠时候，如果醒来发现口腔干燥，那么一定是呼吸有问题。

健康的呼吸是鼻进行呼吸。具体来说就是要用鼻子呼吸，同时嘴唇闭拢，舌头像吸盘一样贴到上门牙后面的天花板上，上下牙齿轻合却不互相施加力量。

因为只有这样，才能把进入鼻腔的冷空气调节成和体温差不多的温度，把干燥的空气变湿润，鼻毛还能挡住空气中较大的灰尘，这就起到了"加工厂"和"净化器"的作用。

同时鼻呼吸不会有给人负面情绪感受的叹气，只有嘴呼吸才会发出叹息声。

太多的人对呼吸这个每时每刻都在发生着的生理活动缺乏关注。

舒醒是一位有着6年经验的普拉提教练。她身形紧致，体态优雅，梳着精致的丸子头，像天鹅般高挑地站立着。每次为新学员开课前，她都会稍有焦虑，因为要改变人的观念并非易事，而她需要调整学员对呼吸的认知。

"在开启每一阶段课程的时候，第一项我一定安排'呼吸课'。因为呼吸是健康的基础，它每时每刻都在影响着人体的血氧状态。"

但学员的反应基本都很抵触："教'呼吸'是忽悠人的，就是想轻松赚钱，拉长课时，不教你动作。""'呼吸'能练个啥？谁还不会呼吸了！""我每天不是都在呼吸吗？还用你教？"……

"你们自己会的那个叫作'喘气'，而不是'呼吸'。"舒醒会坚定地纠偏，当然她不仅是口头强调，而是给出有价值的行动指导。

"有多少人是用嘴巴呼吸的？可能很多人都是这样吧？鼻子呼吸不够满足那就口鼻一起来，或者干脆就是嘴呼吸了，尤其是处在运动状态的时候。这让我们进入换气过度的状态，容易形成用嘴急促呼吸的恶性循环。"

这样的呼吸节奏变化，加之生活节奏的加快，造成人们高压之下精神无法放松和平复，长期如此的后果就是只能维持生命体征，无法实现应有的功能，比如酣畅淋漓地运动、安稳舒适地睡觉、专心致志地工作……即引发焦虑、哮喘、疲劳、失眠、肥胖甚至心脏疾病等。如果处于儿童期，长期用嘴呼吸还会影响面部骨骼发育，造成牙齿排列畸形、脸型狭长。

舒醒自己是踩过坑的。在没有意识到呼吸的重要性时，她曾由于长时间讲课出现呼吸不稳状态，因此用嘴大口换气，静处时呼吸也很重，上气不接下气的状况时有发生，焦虑情绪随之而来。

舒醒踏进了"换气过度"的泥潭。她被中医确诊为气虚："我自己曾经受累于嘴呼吸，形成了应激性呼吸模式，经常就是在喘息，换气过度。"换气过度的特征是呼吸节奏变快、能听见呼吸声音、呼吸幅度也在加大，还夹杂着叹息。这种状态是处在"战斗或逃跑"模式中，身体会分泌大量肾上腺激素，导致肾上腺激素水平飙升。

肾上腺激素会促进血压升高、心率加快、血糖升高、肌肉收缩，提高了人体的应激能力。人在紧张、恐惧、愤怒等应激状态下，身体的各项非自主神经系统不由自己控制，又反向刺激激素发生同步的变化，这一切再刺激身体做出应激反应，最终是不利于我们自主掌控身体的。这不就是陷在可怕的循环里了吗？好在身体为我们设定了打破循环的入口，那就是调整呼吸。

"那么你是怎样做了调整，进入正确呼吸模式的呢？"知道了理论原理的学员更为迫切地想知道舒醒教练是怎样矫正了错误的呼吸方式的。

"正确的呼吸模式被称为战术呼吸，这种模式能够让你成为自己身体的司令官，也就是你能够把控自己，而不是处于被动的为情绪所累的状态。"

战术呼吸也被称为作战呼吸，最初是为军人、执法人员和紧急服务人员设计的，帮助他们在高压环境下控制身体反应并提高表现。现在这种呼吸模式也被用在提升自控能力、挖掘自我潜能的锻炼中。

战术呼吸还有一个形象的叫法，叫作"4×4呼吸法"。只要记住名字就等于掌握了这种呼吸模式：缓慢深吸气，数到4（即：吸气…2…3…4），暂停呼吸保持4秒钟（即：保持…2…3…4），缓慢深呼气，同样数到4（即：呼气…2…3…4），暂停并保持4

秒钟（即：保持···2···3···4）。

重复这一系列动作即可缓解压力引起的生理反应，比如心跳加速、呼吸急促等，帮助人们降低应激激素水平、稳定情绪、提高认知功能，从而使个体能够更清晰地思考并作出正确的决策。

尽管最初是为特定职业人群设计的，因为效果明显，战术呼吸法被应用于众多需要进行压力管理的场合，比如体育竞技、公开演讲、测验考试等，帮助人们在紧张时保持镇定。它也被引入冥想和放松中，达到健身健脑的功效。

均衡呼吸的每一缕气息，都是加强生命律动、减轻压力的至关重要的一步。

为什么呼吸可以作为调整人身心状态的入口呢？因为呼吸和眨眼是人类仅有的两项在任何时候都可以有意识地进行控制的活动。

呼吸是连接中枢神经系统和自主神经系统的桥梁。如果你能控制呼吸，你就控制了整个自主神经系统。这就是为什么调整呼吸能够让人在压力大的情况下减缓心跳，减少激动情绪，让人感到平静且能自控，减少使我们犯错的冲动。

"大家了解了这么多信息，接下来让我们坐下来，背部挺直，将一只手或两只手放在肚子上，用鼻子深吸气，避免鼓起胸部。手有助于感觉正确的动作。想象有根吸管在为我们的腹部打气。现在我们张嘴呼气，直到彻底排空肺部，同时向后缩回肚子，然后再重新开始。"

"请通过鼻腔吸气，慢慢数到4，扩张你的腹部。"

"屏住呼吸，数到4。"

"慢慢从口腔呼气，数到4，同时使腹部瘪下去。"

"屏住呼吸，还是数到4。"

"然后重复。"

"这个循环我们至少要重复4~5次。各阶段的持续时间都相同。

这个呼吸方法也叫'四角呼吸法'，或者叫'盒式呼吸'。你可以想象自己是个画家，正在头脑中描画一个正方形的画框。"

"在这个过程中的另一个小技巧，我把它叫作'心理锚定'。在吸气和呼气结束时，即在呼吸暂停或屏气时，重复某个座右铭或者具有激励性的句子，例如'我真棒呀''勤能补拙''坚韧不拔'等。长此以往，你的身心都会精进了！"

几乎每一项运动在专业训练之初，都会学习如何呼吸。学会良好的呼吸方式就等于攻克了一半的运动难题。你越专注于呼吸，就越能达到心理放松的状态，越能够领悟这项运动的核心。

如果你去参加一个健身训练班，教练没有提示你注意呼吸，你要主动去确认这项运动的正确的呼吸方式。如果教练一问三不知，那么请果断换一个教练帮助你。

"我的这些提示，听起来啰嗦，我是想让各位同学都能够找到最好的教练，找到最佳的运动方式，找到最好的自己！"舒醒恳切地说。

让"鼻呼吸"成为习惯，融合在举手投足之间，融合在夜晚好眠之间，融合在自洽的健康心理之间。

让"战术呼吸"成为自己的伙伴。在养生保健时，伙伴能够陪伴着我们一起增强体魄；在紧急情况下，伙伴能够陪伴着我们平心静气；在危急时刻来临时，伙伴能够救下我们的性命。

控制呼吸，实现对局面的绝对掌控，不是空话。

06   大脑保养维修手册

我们更注重对身体的锻炼和对皮肤的保养，因为体貌是外显的，很容易被自己观察到，我们也很在意别人的眼光，所以想要通过强身健体、美容美发以获得外界的赞誉和认可。而大脑是特殊的存在，它藏在颅腔内，它是否"性感"无法被一眼看到，对它的保健也难以被量化，因此，我们忽略了对它的呵护。

像使用电脑一样，我们如果想让大脑高效发挥功能，就要通晓大脑的使用说明书，停止对大脑造成伤害的行为，并为它补充养料。

高鑫最近养成了一个习惯，就是用食指和中指敲击自己的额头。他想用这样的方式减轻自己最近总是记不住人名的症状。高鑫是一位著名的编剧，棕黑色的方形脸庞，戴着一副黑框方形眼镜，正义感满满，和他擅长编写的刑侦类剧本的特点非常贴合。行内人喜欢称高鑫为"眼镜高"，一是因为他戴眼镜，二是因为眼镜隐含的寓意是能够看清事实。

"眼镜高"常被邀约到各种场合做编剧写作的要义分享。分享中需要提到很多的剧作。最近，他发现自己只能够通过提问现场观众的方式才能够说出剧作中的人物姓名，例如"《重案六组》里面那个探长叫什么来着？""《狂飙》的主人公是……""《白夜追凶》的男演员……"。

"眼镜高"觉得自己这些表现是阿尔茨海默病的前兆。

编剧的职业性质决定了高鑫有很多被医生反复提醒需要改掉的问题：长期熬夜缺乏充足睡眠，被截稿日期限制所承受的巨大压力，抽烟、喝咖啡以维持清醒兴奋状态，长期伏案、不规律饮食、缺乏锻炼、社交隔离……"眼镜高"开玩笑地对大夫说，自己的这些毛病曾经被一一写在剧本里，自己能亲身感受并活灵活现地展现出来，他颇为开心。

让他不开心的是最近的忘性渐强，创造能力在下降。威胁大脑健康的四种方式是物理撞击、化学污染、慢性疾病和物质成瘾。来看医生的"眼镜高"对照着大夫的提示一一分析：物理撞击，我年轻时特别喜欢足球，还特爱头球攻门，常常撞得晕乎乎的；化学污染，我曾经在化工行业工作，研发产品做实验会吸入大量有害气体；

慢性疾病，结婚成家以后身宽体胖，体重飙升有三高；物质成瘾，吸烟、喝酒、吃烧烤、喝咖啡。

"我这是在慢性自杀吧？我要死了吧？""眼镜高"半开玩笑半认真地看向医生，透过镜片的眼神有一丝丝的恍惚。他好像穿越时光看到了未来的自己，一具没有了意识的佝偻躯体在迷雾里穿梭着。

"眼镜高"觉得自己需要躺平了，不得不远离自己深爱的编剧行业了，还有可能要抑郁了。

"有救有救！"医生非常肯定的答复安慰了"眼镜高"。"从调理饮食、改善睡眠做起，对大脑进行保健，让大脑接受运动、学习和社交的适度挑战（见图3-3）。"

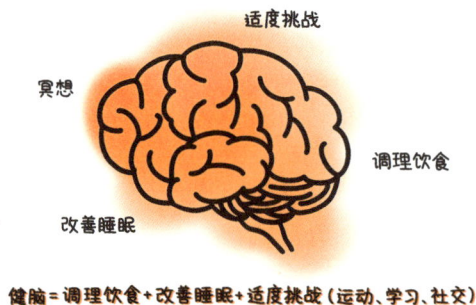

健脑=调理饮食+改善睡眠+适度挑战（运动、学习、社交）

图3-3　健脑公式

调理饮食：大脑是人体器官，它和其他器官一样需要七大营养素，即蛋白质、碳水化合物、脂类、维生素、矿物质、膳食纤维和水。大脑也是特殊器官，它在不停地工作，且耗能巨大（人体总能量的20%左右），所以需要吃升糖指数低、能够持续提供能量的食物，包括全麦食品、燕麦、糙米、藜麦、荞麦、红薯、南瓜、山药、土豆、豆类、蔬菜和低糖水果等。另外，大脑会不断生成新的神经连接，所以需要补充人体内不能合成只能从外界摄取的必须脂肪酸，包括 α-亚麻酸和亚油酸。这些通常可以从富含这些脂肪酸的鱼类（三文鱼、金枪鱼等）、亚麻籽油、核桃和藻类油中获取。

改善睡眠：固定时间点入睡和醒来，或早或晚入睡均可，睡眠总时长保证在7~8个小时。

适度挑战：大脑有860亿到1000多亿个神经元，可以形成无数个神经连接。连接越紧密越广泛，对大脑反应的灵敏性及创意度越有裨益。运动、学习和社交这三类挑战都能够促进神经元的生长，以建立更多的突触连接，并且让连接结合更为紧密。运动项目的选择以锻炼心肺、增强肌肉力量且具备一定的平衡性、柔韧性和精确度要求的项目最佳，例如羽毛球、乒乓球和网球运动。学习设定在寻求新知、跨学科探索，以及解决有适当难度的复杂问题上，例如学习新的语言、乐器、绘画，参加记忆训练、逻辑拼图、脑力游戏等活动。高质量社交，需要调动大脑控制语言、逻辑思考、动作和表情等协调工作，对注意力、记忆力、创造力、语言能力的锻炼、保持思维活力、预防认知退化颇为有益。

按照医生给的提示，"眼镜高"有意丰富饮食、规律睡眠，每周至少约一波老朋友会面聊天。有健康的大脑做物质基础，"眼镜高"的编剧工作重新回到了高质高产状态。

本觉得要躺平的高鑫又变得如陀螺一样工作了，开心并快乐着。家人担心他的健康，但"眼镜高"不以为然。在身体不适期间他查阅资料，获得了新信息：不奋斗，没顶过大风大浪大压力，就真的会更健康长寿吗？不一定。

2012年，威斯康星大学健康心理学系公布了"答案"。科学家们追踪30000个成年人8年的健康状况，把他们分成三类：常年承受巨大压力的人、一般压力的人和很小压力的人，看看哪类人死亡率高。结果发现，死亡率最高和最低的，居然都是压力巨大的人。

于是，科学家们把压力巨大的人再分类做研究：一类相信压力有害健康，一类不这么认为。压力对人体影响的真相，就这么被发现了。坚信压力就是慢性自杀的人，死亡风险最高，比第二名"生活压力适中"的人群，死亡风险增加43%。觉得压力助人成长、给人动力、是件好事的人，他们是最长命的人群。他们的寿命超过生活压力最小的人。是的，你没看错。

科学家们说，能慢性杀人的不是压力本身，而是人们面对压力的负能量。

"眼镜高"和家人和解，乐呵呵继续着繁忙但觉得有价值、有意义的工作。工作之余，他会特意留出时间陪伴家人，也让自己集结再出发的力量。

身体和大脑的健康，除有效利用它之外，还要让它适当休息。

07　休息，不是身体不动，而是心理的放松和重建

一个人的成长，是沉淀得来的，不是劳累得来的。

这就像是经历了一场剧烈的运动后，肌肉在经过必要的休息恢复之后才会变得更强壮。同样，我们的大脑和心灵在面对挑战后，也需要适当的休息，以整合经验、构建知识、提升能力。好的休息是怎样的？好的休息应该是有意识、有目的的恢复过程。

休息不是身体上的不动，而是心理上的放松和重建。

休息可以让我们摆脱日常的紧张和焦虑，让大脑从不断的信息输入中解放出来，给予它空间进行自我修复、创新思考、更新思维。

毛毛认为休假不但没有带给她轻松，反而是积累了更多的思绪和压力，纷纷扰扰，无休无止。

卧在酒店房间的长沙发上，她回忆起了前一段时间被领导批评，说自己的做事风格和名字一样毛毛躁躁；她回忆起了过度忙碌，屡屡爽约，男朋友因而与她分手时的提示：你眼里无人；她回忆起了

自己身体不适独自看医生的难受，孤独寂寞……

思来想去，毛毛不由得泪如雨下。泪水湿了毛毛最为在意的长睫毛。看着镜子里的自己憔悴抑郁，对想要寻本地美食的想法也没了兴致。被大脑中纷至沓来的想法侵扰着，毛毛不由自主地被负向标签封印了，觉得自己一无是处、无足轻重、毫无意义。僵在原地，动弹不得，她对着镜子里的自己发愣。

"我的黑眼圈好重呀！眼角纹怎么这么深了？我的睫毛也不那么长了吗？"灰色信念连串地袭来。

"叮咚，叮咚。"有人按响了房间的门铃。

毛毛开门，看到酒店的服务员面露微笑："小姐姐好呀！我来给您送今天的水果。今儿的水果是金色系列，有金黄的芒果、淡黄的香蕉、橙黄的橙子。"

毛毛面对这么甜的小姐姐的贴心安排，挤出笑容作为回报。

撕开盖着水果的保鲜膜，一股扑鼻的芒果香气让毛毛心旷神怡，她像是穿越到了挂满成熟果子的芒果林中。

再次歪在沙发上，但这次毛毛没有了沉重和抑郁，对着芒果深吸一口气，保留着穿越林间的感觉，毛毛有想要飞起来的感觉。

她对自己的神奇变化有点迷惑，但顾不上那么多，享受美好就是了。

这一系列变化不是无源之水，而是基于大脑的一系列反应。

挤出笑脸，是打开愉悦的开关。笑容是身体输送给大脑的刺激信息，高兴的事情来了，大脑感受到了面部肌肉的信号刺激，继而释放出多巴胺和血清素，真实地提升了情绪，毛毛也就真的开心轻松起来。

芒果香气，是抑制不开心的阀门。负面情绪是大脑边缘系统的杏仁核充血活跃释放了激素，使身体进入"备战"状态，比如产生悲伤之感。深吸气让紧邻鼻腔后方的杏仁核收缩减少了激素释放，因此就远离了不悦。

操控我们身体和情绪的，都有实实在在的物质基础。

愉悦激素增加了，抑郁激素减少了，一正一负的作用下，毛毛就又恢复了活力。

所以，当一个人被负向信息包裹了的时候，做点什么就好。比如，打开窗户吸一口凉气，走到户外闻一闻花香，拧开香水瓶撒一些香水，拿出纸笔画出笑脸，找出音频听个段子……简简单单的动作，就能够帮你摆脱难过的状态。

除了充分利用环境做小小的刺激之外，让自己拥有足够强大的信念更为直接。

08 念头调整，阳光普照

仅仅是一个念头的调整，就会带来翻天覆地的变化。

情景	灰色信念	金色信念
会议中有人说出反对意见	他是我的敌人	我需要分析他的观点看是否有道理
白色裙子被飞驰而过的汽车溅上了污渍	该死的司机	就当是衣服被免费作了装饰吧
你的建议对方没有接受	他是没救了	他有独立人格，挺好的
这次的生意没谈成	我就知道自己没出息	汲取到了谈判经验
这次的项目失败了	我失去了所有，没有希望了	过去无法改变，但人还在，资源还在，还可以从头再来

遇事向积极层面思考，将大脑产生金色信念的模式固定为自动化行为，成为习惯，那么美好就是人生的主旋律。

每一次转念，都是自我解放的开始。

🔲 转念工具箱

我的转念：我患有溃疡性结肠炎，腹痛及失血的感觉曾经让我觉得寿命会缩短，一切美好将离我远去。我曾经为此非常苦恼，被灰色信念笼罩着的我几近抑郁，觉得老天对我不公！

尝试转念。发现因为这个疾病，我在选取食物的时候非常细心，间接地大大减少了肥胖和得糖尿病的可能性，二十年如一日地保持了年轻时的身材；因为这个疾病，我更具有了同理心，不再对请病假耽误工作的同事心生指责，身心健康才是一个人的第一要务；因为这个疾病，我做事的态度开始突破限制，尝试各种可能，对人生的掌控感反而有所增强。我意识到，生活的挑战并非都是坏事，它们往往也是塑造我们人格、提升我们生活智慧的磨砺石。

负面情绪/观念	转念后的新视角	积极影响
苦恼于疾病的不确定性	接受疾病作为生活的一部分，积极管理和寻求治疗方案	促进自我照顾能力提升，养成规律生活与健康饮食习惯
认为疾病缩短寿命，剥夺美好	疾病促使自己关注身体健康，预防其他慢性疾病	维持良好体态，降低肥胖与糖尿病风险，提升生活质量
感到抑郁，认为命运不公	将疾病视为生命中的独特经历，赋予其积极意义	增强心理韧性，培养乐观心态与感恩之心
对他人请病假产生指责与不满	患病经历深化同理心，理解并接纳他人的健康问题	提升人际关系，营造和谐的工作环境
制定严格的条框以应对疾病	以疾病为契机，学会灵活应对生活变化，勇于尝试新可能	提高生活适应力，增强对人生的认识与掌控感

你的转念: _____

_____

_____

_____

_____

_____

_____

强迫地练习在开始时并不容易，我们可以借助大自然的力量。灵性化身边的事物，得益于我女儿刘亦佳的启发。

女儿的宝贝毛绒玩具掉在地上，她捡起来会心疼地揉着呵护，就像毛绒玩具有生命一样。

我看了并没有觉得异样，对动物产生移情很是正常，哪怕是对没有生命的玩具动物。

再一次，发现女儿失手将铅笔掉到地上。她弯腰捡起来，嘟起小嘴，念念有词："你没摔疼吧？啵啵啵……"一连串的轻吻声像是在对铅笔道歉。女儿把我们呵护她的动作照做给了铅笔。我觉得正常，对陪伴自己的心爱物品用心爱护，哪怕仅是一支铅笔。

又一次，她的头碰到了桌角，我忙不迭地过来揉她的脑袋，她却抬手给桌角按摩："碰疼你了不？"这一次我忽然悟了，在女儿的眼里，桌角、铅笔、毛绒玩具都是有生命的，它们和我们一样是鲜活的存在，是可以注入了情感的存在。

自此，在我眼里，无论是动物、植物还是物品，万物皆有了生命。面对有生命的它们，我附带了情感，感觉一切均有了温度。心灵有了温度，是柔软的，是易感的，是有同理心的。

自此，我从来没有孤寂感，因为生活处处活色生香。

顿悟之间，自己的思维被激活。

一个人来到世上，是多么地机缘巧合，恰好是无数个原子在同一个时间和空间聚集在一起，构成了这样一个独特的自己。我要过得精彩才不负这个缘分。

风吹雨打，我们多了对空气流动的感知，多了对自然力量的敬畏。病痛折磨，提示我们要多一些对自我的关照，多一些对生命的珍惜。生活的打击是体验，他人的抱怨是因果，亲人的离开是重生。在宇宙间，存在着就是胜利。你可以拥有一切。树枝间蹦跳叽喳的麻雀，是安排好了给你来一场音乐会；墙角边绚烂盛开的花朵，是安排好了给你来一场表演秀；站在电线上的那只长尾喜鹊，是你养在大自然的宠物。

思维没有了笼子和栅栏，自由自在，无边无际。

养育一位小精灵，让Ta住在自己内心最温暖的地方。哭泣时、无助时、病痛时，Ta会过来照护我们。我的小精灵是一只晶莹剔透的双翅小鸟，她有一个花名叫"梦花儿"。

放飞的大脑，可太神奇了。情况还是那个情况。但是，心智脆弱时，情况变成了问题。心智平衡时，情况变成了挑战。心智强大时，情况变成了机会。这就是心智的游戏。发挥心智的无限潜能，让人生精彩无限，没有边界。

增益关系构建

个体的世界并非孤岛，它与外界的海洋相连。家庭、职场、朋友，是构成完美关系的黄金三角要素。

家庭，是情感的港湾，也是品格的熔炉。它孕育了一个人的成长，为我们的旅途提供了起点和方向。在家庭的怀抱中，我们体验最纯粹的关爱，但也可能面临以爱的名义带来的束缚。如何独立成长，又能够享受关系给予的温情而不是被装进关系构建的牢笼，是人生长河中一直会存在的命题。原生家庭、组建新家庭、有新生命诞生的家庭，每一段关系都是在支持他人与自我实现之间找到交汇和平衡点。

职场，是个人能力与社会机遇碰撞的舞台，也是能力储备和智慧展现的舞台。它要求我们保持"靠谱"这一宝贵品质，既要预见每个细节背后潜藏的机遇与挑战，也要善用各种资源不断磨炼自我。我们不能仅作为被动的螺丝钉等待安排，更需主动寻找隐藏的机会，将自己锤炼成职场中有目标、有判断力、能承受压力、还敢于承担的强者。

朋友，是快乐时的分享者，困难时的支援者和成长时的见证者，当然也可能是不可预期的背刺者。每一种类型的朋友，都在给我们的生命贡献着多种多样的感悟和见识。织就一张坚韧而又有弹性的社交网，让弱联系能够神奇地为我们开启新世界的大门，让强联系如同构建了坚固的堤岸，让我们在风浪中依然有支撑、有锚点。朋友圈里，我们既是彼此的监督大使，又是成长搭档，在共同进步中庆祝每一次的小胜利。这个多维朋友网络中，巧妙地予取予求，用一种恰如其分的心态，构建出丰富多彩的人生。

人生中，我们不是单打独斗的勇士，而是在复杂的社交网络中航行的探险者。家庭的温暖、职场的挑战、朋友的陪伴，让人生的探险过程不那么让人恐惧。

一起去感受家庭爱与恨的交织、职场的竞争与成就，朋友的爱护或暗算。亦正亦邪，都是人生。

第四章

CHAPTER 4

家庭

来处与归宿

家，是我们的来处，也是我们的归宿。家庭，可能是温馨有爱的庇护港湾，可能是激励斗志的竞技场，也可能是龌龊原罪的存在地。

我们对出生在何时何地、拥有什么样的父母没有选择权，但我们有如何对待父母、寻找怎样的伴侣、养育出怎样的孩子的权利。

一个人的人生之路开始于自我成长，摆脱父母的羽翼。然后，有些人走进亲密关系，组建自己的新家，随着孩子的降生，发现更为成熟的自己。

家，是我们魂牵梦萦之地。家，是我们每天辛苦上班之后的温暖去向，是一年努力之后载誉而归的去处。

真正的家，是心灵能够卸下重担、释放自我的地方，是可以在其中自由飞翔的空间。

有喜悦，想分享给家人，让快乐翻倍；有忧虑，可以坦诚诉说给亲人，让他们一起分担；有烦恼，能够一股脑道给家人，自己获得安慰。

但美好也有可能会被这样那样的情况所打破。是的，没错，王子和公主从此过上了幸福的生活仅仅是童话故事中的存在。

01　每个人的来处，不由自己选择

"北斗星"，是办公室里最早到岗和最晚离开的那一个。他的绰号就来源于他的工作时间："你是真的披星戴月来工作啊！把单位当家啦！”每每听到同事半开玩笑地调侃，他都讪讪一笑，不做任何回应，但他的心里已经波涛汹涌："我的家在哪里呢？路上那么黑……"

"北斗星"姓赵，他记忆里的家温馨美好。赵妈妈掌控着一切，家被打理得井井有条。

"儿子，今儿妈妈给你准备的是你最爱吃的茴香馅的大水饺！"妈妈踮着脚尖，隔着栅栏门递过来保温饭盒。高中了，怕小赵在学校吃得不可口，妈妈像初中时候一样，还是每天中午到学校来送饭。

小赵心无旁骛，学习成绩常年排在年级前一百，"985"、"211"不在话下。国际象棋、篮球、小提琴样样精通。这都是妈妈帮助选择的课外技能。她说国际象棋练脑力，篮球强体力，小提琴增魅力。

身高187厘米的小赵成为学校里行走着的人气王，他的气质、自信、魅力使他成为无数女生关注的焦点。

有心的女生会想尽办法找与福尔摩斯有关的周边送给小赵。因为那是小赵无法拒绝的礼物。他是福尔摩斯的狂热粉丝。

因此，小赵的高考目标非常明确：中国人民公安大学侦查学。穿上警服的挺拔身姿，是小赵在头脑中演绎过无数次的样子。

高考分数理想，超出录取分数线足足23分，小赵可以稳拿录取通知书。但是，妈妈把小赵的第一志愿换为一个二本院校的金融系。"金融居于社会运行系统的最顶端。咱们在金融系统有人脉，能安排到工作！"小赵为了自己的梦想在妈妈面前哭着争取，但最终，还是妈妈的"顶端＋人脉＋工作"三优势PK掉了小赵的理想。

"你是我儿子，我还能害你吗？我爱你还来不及呢！"赵妈妈的压轴说服法也起了关键作用。

世事难料。小赵还在上大学期间，"人脉"因为犯下经济案件被"下课"了。赵妈妈始料不及，急忙从大学附近的出租房赶回家乡搜集信息，然后指导小赵毕业考公，说这是千军万马挤着也要走的路子。这么多人的选择，肯定最好，一定要胜出。

"我为你好，我爱你！"类似的话如咒语一样灌进小赵耳朵里。

以小赵的勤学聪明，果然不负妈妈的期望，回乡考公上岸。小赵留在上海发展的念头被打消了。

接下来，与妈妈张罗着找的对象恋爱、买房、结婚，因为妈妈想早些有孙子。小赵自己的小家和妈妈的家在同一个小区里。

"北斗星"的别称，反映出小赵对家的态度，将在家的时间压缩到最少。

星星在寂静的夜空闪烁。不得不回家时，"北斗星"才低着头悻悻地蹭进家门。衣服随意挂在身上，大腹便便，头发油腻腻地打了绺，与当初头脑中英姿飒爽警服男神的样子差出了十万八千里。

"北斗星"，本可以闪耀着引领方向，但在小赵这里，云雾遮盖了星光。

"北斗星"和朋友撸串喝酒消愁："如果有回头路，我绝对会在报志愿的时候选择侦查学；如果有回头路，我毕业了就留在上海市找工作，绝不会回家来考公；如果有回头路，我绝对不会和现在的老婆结婚，是我妈妈喜欢她，不是我喜欢她……"这种絮絮叨叨的发泄和抱怨在朋友的耳朵里磨出了茧子。

可惜，这种絮叨不会产生任何意义和价值。"北斗星"的生活还是在夫妻吵架、埋怨妈妈、逃避回家的循环里继续。

当自己需要长大来承担责任的时候，"北斗星"没有长大；当需要放开绳索让孩子成为一个自由的个体时，赵妈妈没有放手。

02　爱，变成了牢笼

良好的成长系统给予了我们足够的支持，帮助我们形成自我，实现独立。

小婴儿，0岁，用哭泣来激活呼吸系统，宣布独立的开始；青春期的孩子，在父母眼中看似叛逆，其实是在历练自我以独立；18岁，用成人礼的方式宣告已合法拥有自己处理事情的责任和权力。

"北斗星"的自我成长，停留在了0岁。他的身体年龄是27岁，但他的自我年龄只有0岁。大多数人的痛苦，根源就在于"自我"没有长大。"北斗星"上高中，完全可以在学校自己做主选择午餐吃什么。也许餐有点冷，也许口味不那么适合，也许干脆有一天中午不吃了因为没有那么饿，这都是他自主的选择，是自我的呈现。

妈妈在这个阶段，完全可以安安心心去上班、发展自己的兴趣爱好或者参加社区公益活动，有太多的出口可以做依托，将过度关爱从儿子身上移开。

高考填报志愿、留在上海还是回乡考公、什么时间点结婚，"北斗星"每一次都有机会坚持自己的意愿，但每一次他都退缩了。"北斗星"和妈妈，都没有确定好自己的边界。"北斗星"的自我屡屡退缩，整个人完全是在妈妈的牵引下过活。

真正的"北斗星"，就根本没有存在过。如何让"自我"也随着自然年龄的增长获得成长呢？那就是改变。

"北斗星"吃着串，喝着酒，嘟嘟囔囔和朋友抱怨的时候，是试图在改变。他想通过暂时的麻醉改变心情不好的状况，他想通过指出都是别人的错来缓解自责，他甚至寄希望于朋友帮助自己逃出现在不理想的境地。

"北斗星"借酒吐真言："为什么妈妈不能做出改变？她为什么事事都要来干涉我？我的一辈子就这样毁在她手里了！"

其实，从根本上来讲，是已经成年的"北斗星"不愿意付出实际行动，是他还没有准备好承担对自己的责任。

因为谁难受，就应该是谁站出来解决问题。否则，那个问题就会一直在那里，因为别人无法感同身受，也没有义务来替你解决问题。

著名心理学家阿尔弗雷德·阿德勒提出了"课题分离"理论：要想解决人际关系的烦恼，就要区分什么是你的课题，什么是我的课题。我只负责把我的课题做好，而你负责把你的课题做好。

至于如何判断一件事是谁的课题，有一个简单的方法：看行动的直接后果由谁来承担。谁承担直接后果，那就该谁负责。

如果父母和孩子分不清一件事的责任人，那么这个家里就特别容易出现各种抱怨的声音。

"马上就一模考试了，你怎么还这么懒，还不努力学习？"学习是孩子自己的事情。

"你穿这件衣服颜色好难看，快点先换一件再出门！"穿什么样的衣服是丈夫自己的选择。

"点这个菜干啥？咱们昨天不是刚吃过吗？"今天还想吃同样的菜是妻子的喜好。

每一个个体都是以独立的自我形式存在的，不应该被他人的意志操控。

幼儿跌跌撞撞学习走路时，父母会站在一定的距离之外，鼓励孩子摇摇晃晃着一步一步地向前。生理上的独立，父母喜闻乐见。

思想上的独立，处于不易被察觉的意识领域。作为个体，青春期的叛逆是强化自我意识的存在；作为父母，需要及时放开约束孩子思想的"手"，引导他在思维层面也能够独立行走。

成年人，要减去过度的依赖与干预，加强独立成长的意识与责任。家庭之舟承载着每个成员的成长与梦想，必须在加减中平衡各自的航向，才能和谐前行。

03　思维也需要独立行走

"北斗星"又约朋友撸串、喝酒，这次多了一个人，从上海来出差的大学室友加入行列。

这次聊天的主题不再是牢骚和抱怨，大家都竖起耳朵听老同学阿宝分享上海正在举办的展览、金融行业的风云变幻、各地出差遇到的奇闻轶事。

"北斗星"觉察到自己内心的疑惑："为什么我总是两点一线，就不能异彩纷呈呢？"

老同学说话肆无忌惮："你就是典型的妈宝男。你妈帮你选择了一切！"说完哈哈大笑。

这个结论如一道闪电，在"北斗星"长期阴云密布、郁郁寡欢的脑海里激荡着撕开了一道凌厉的光线。那条闪电般的光线蜿蜒着，远远地，亮了又灭，稍纵即逝。

但阿宝哈哈大笑的余音像是炸裂的雷声，嗡嗡地，真切地存在着，一直蔓延在撸串的局中，蔓延在回家的路上，蔓延在第二天醒来的思想里。

"北斗星"生发了马上改变、行动起来的冲动。

"北斗星"不想和妈妈决绝地脱离关系，在朋友的建议下，他绕道而行，寻求心理医生的帮助。

"我现在的家庭不幸福，我想离开，我甚至想回到上海和同学一起做事。但妈妈很喜欢我媳妇，她肯定不想让我离开。我怎么办呢？"

"你有和妈妈说过你的痛苦吗？是她逼迫你不能离婚、不能去上海吗？"心理医生问。

"我没有直接和她说。每次我想说的时候，一看她的眼神，就知道她不可能同意让我离婚，不会安安心心让我走的。"

"如果是这样，那你其实不是讨厌妈妈对你的照顾，而是在要求一个更大的照顾。你要她放弃对你的关照自己主动离开。可是，妈妈总是很爱子女的，这并不是什么错。离家是你的课题，不是你妈妈的课题。你应该自己去争取，而不是猜疑她可能不会同意，暗地埋怨是她不让你离开。"

"北斗星"想了一会儿："是的，这是我自己的事，我应该和妈妈聊清楚。不过我担心自己还是没有勇气面对她。我爸长年在外面工作，是她一个人辛苦把我养大。我现在不太能直接面对她。我能让妈妈来和你聊聊吗？"

"北斗星"如今明白了求助的价值。

在家庭的舞台上起舞，可以让配角上场，加上真诚，减去猜疑，才能奏出最和谐的人生交响乐。

04　改变，可以借助他人的力量

"我看过一个电影，讲的是一个出生在思想封建家庭里的女人，她爱上了一个男人，但没能力突破家庭的束缚，最后嫁给了一个自己完全不爱的男人。结婚后，他们有了一个儿子，她就把所有注意力放到儿子身上。慢慢地，儿子长大要离家了。临走的时候，儿子问妈妈：'妈妈，我走了，你会孤单吗？会寂寞吗？我走了，孤单的时候，谁来安慰你呢？'妈妈说：'你走了，我会孤单，会寂寞，也找不到人安慰。可是我不要把我自己的困难变成你不能出去的理由。'"心理医生给赵妈妈分享了这个故事。"现在，如果你也面临儿子想离开的状况，你会怎么选择呢？"

赵妈妈沉默了很久，说："我一直觉得，我已经把我最好的东西都给了儿子。现在我知道了，原来我自己变成了一个负担。我当然选择退一步了。"

赵妈妈说着，湿了眼眶。这些辛酸，也是"北斗星"不敢直接去面对的理由。

在情感的纠缠中，分清楚什么是自己的事情，并把自己的事情做好是非常不容易的任务。课题分离是没有条件的。如果我们一定要别人先做什么自己才能做什么，那就不是课题分离了。

自己没有勇气直面问题时，寻找信得过的人、专业的人帮忙处理，也是良策。

"北斗星"和妻子说自己需要一个冷静期，和妈妈、妻子说再见，到了上海。

一日三餐没有妈妈的照顾（操纵），可以自主决定吃什么和什么时候吃；上下班没有妻子"你快走、别迟到，你该回来了、不然太晚了"的体贴（控制），可以按目标进度自主决定是否加班。"北斗星"的自我意识和掌控感逐渐回归。

改变环境，是发现自我的有效路径。作为家庭的一员，自身的独立与成熟，是对家最深的爱护和回馈。

在饿了没有人嘘寒问暖的时刻，"北斗星"会想起在家乡的好，想起妈妈的大馅饺子，想起妻子放在床边的衣服。"其实她们也挺好的……"

距离产生美。

05　制造距离，果断离开耗竭关系

怎样确定自己是否需要制造距离、开始改变呢？去审视你所处的关系，看它是否能够给予自己能量。

最好的关系，是能增强你能量的关系，而不是削弱你能量的关系。

关系的本质应该是互惠互利，相互成长，而不是单方面的索取或给予，或者是通过控制来体现的自我存在感。

增强你能量的关系，通常是那些能够让你感到快乐、安全、受尊重和被鼓励的关系。这些关系在心理学上被认为是"滋养关系"。在这种关系中，双方都能从彼此的存在中获得积极的能量，共同成长。例如，你失业了，父母的态度是这样："没有关系，你有优势，不怕这个单位倒闭造成的失业。咱们来梳理简历，看看其他机会。需要爸妈陪你去找邻居家的HR姐姐请教一下吗？"在你遇到困难时总是提供帮助和支持，让你感到温暖和力量，这表明这段关系在正面地影响你。积极关系是人获得幸福感的重要因素之一。

相反，削弱你能量的关系总让你感到疲惫、不安、被忽视或被压制。这些关系被称为"耗竭关系"。"你看你真是没用，这么大人了连个工作都不能干好！"这是典型的指责抱怨。极致的耗竭关系可以用"恐怖"来形容。

浙江绍兴一家鞋店中，28岁的女生想给自己买一双200元的鞋子，被父母无情拒绝。难以压抑的委屈和气愤让女孩气得跳脚。父亲厉声制止，对着女儿冷漠地说："正常一点！"

女孩破防了，将手里的鞋子直接砸了出去，然后向父母下跪磕头。她似乎想用这样的激烈举动打动父母，可惜她的父母完全不吃这一套，直接转身离开了鞋店。

"我只是想买一双好一点的鞋子，为什么你们对我这么残忍？"拉扯着自己的头发，女孩痛彻心扉的哭喊透着绝望。

这位女孩可以做的，就是擦干眼泪果断离开。自己的钱被父母掌管，连买一双称心如意的鞋子的自由都没有，离开也罢。

这种被"公开"了的耗竭关系被网友口诛笔伐，而"隐性"的耗竭关系更为可怕，就像是赵妈妈这样，呈现出的是各种关心和爱护，但导致的结果是"北斗星"的陨落。

隐性耗竭关系的实质，是为了满足关系中某一方的需求。这种关系往往包含着操控、依赖和自私的成分。

类型	表象	实质
过度保护	过分干涉对方生活，声称是为了对方好	出于自己的恐惧和不安
情感勒索	使用情感威胁，如内疚或羞辱	迫使他人遵从自己的意愿
空降式帮忙	未经请求或对方不需要时也请求提供帮助	彰显自身价值并控制他人
无条件的付出	不断给予，期望未来获得回报	将关系变成交易
剥夺成长机会	不允许对方独立做决策	使其依赖自己，满足自身需求
情感依赖	依赖他人满足自身情感需求	忽视对方的感受和需求
代理生活	通过控制他人生活实现自身目标	将自己未完成的愿望强加于他人
感情操纵	利用他人情感弱点，如强调爱与忠诚	操纵他人
隐形界限	模糊关系界限，你的也是我的	使对方难以察觉自己的权利被侵犯
忽略他人需求	忽视或贬低他人需求	将自己的需求和欲望置于首位

在这些关系中，个体可能会感受到幸福、被需求、被关注，这也是隐性耗竭不容易被发掘的根本原因所在。揭开隐性耗竭关系的面纱非常简单，就是看在这种关系中，你是获得成长了还是被固化了。获得成长的关系激发能量，获得自主，提升自我认知，并且鼓励你不断探索和实现个人潜能。在这样的关系中，双方相互支持，共同进步，尊重彼此的独立性，同时也在情感中相互滋养。

相反，那些固化你的关系则往往让你感到束缚和疲惫。这种关系中可能存在过多的控制、依赖或者是不平等的状态。你可能会发现自己重复同样的模式，无法打破循环，感觉停滞不前。长期处于这样的环境中，你的内在激情和创造性可能会被压抑，自主性和自尊心也可能会受损。

重要的是要识别哪些关系是促进你成长的，哪些则可能导致你的能量流失。成长型的关系会给你带来正能量，你会感到精力充沛、思维清晰、情绪稳定。在这类关系中，即使面临挑战和困难，你也能感受到自己的进步和变化，你的内心会感到安稳和满足。

从耗竭的关系中解脱出来，人需要首先认识到自己在这种关系中的角色和情感状态。有时，这可能需要外界的帮助，比如朋友的意见、心理咨询或者是专业的关系辅导。

从耗竭的关系中修复自己，需要时间、耐心和意志力。但最终，这将是通向个人成长和幸福的一条道路。我们每个人都值得突破盔甲，拥有充满支持、鼓励和爱的关系。这样的关系能够帮我们成为更好的自己。

走出耗竭关系，要做好迎接困惑、有时会感觉精疲力尽的准备。

"北斗星"在上海的开始没有那么顺利。

妈妈和妻子用早请示、午聊天、晚汇报的方式追踪"北斗星"的行踪。这种嘘寒问暖的方式让"北斗星"不胜其烦。"北斗星"一旦没有及时回复信息，就会被埋怨不懂得关心家庭。

同时，融入新环境的难、开拓新业务的难、找到自己价值的难，让"北斗星"觉得几乎无法再坚持下去。

"北斗星"找到阿宝，透露出自己想离开上海返回家乡的想法。

阿宝让"北斗星"打开与妈妈或妻子的信息给他看："'北斗星'，你认真看一下这些对话，100句中有几句可以给你带来启示和能量？有几句带给了你爱和支持？统统都是吃早饭、吃午饭、早睡觉的吃喝拉撒话题，或者是埋怨挑剔你的冷漠。这些无脑信息你就不要看和回！嗯，这样也不合适……那这么办，你说你要参加公司要求的封闭培训。我加上你妈妈和妻子的微信，用帮助你传递信息的方式沟通。"

"北斗星"千恩万谢，让阿宝与妈妈和妻子沟通。

时光飞逝，两个半月后，"北斗星"开单了。

"听阿宝说，你开单啦！我就知道你有能力开拓一片新天地！佩服你！"妻子全心的支持和欣赏的口吻温暖了"北斗星"。

"儿子，恭喜你呀，妈妈和你媳妇，我们都特别特别为你骄傲和自豪！你的工作有高难度，我们没有办法直接给你出主意想办法，心有愧疚，就把下面这个幽默小视频发给你，逗你一笑，让你开心，也算是俺们俩对你的一种支持吧！"很久没有直接沟通过的妈妈发来了信息。

那一段视频动画，是小时候"北斗星"和妈妈一起看过的《猫和老鼠》中的一段。

"北斗星"点开视频，笑着看。视频自动循环着，他慢慢视线模糊，湿了眼眶。

"北斗星"在阿宝的帮助下，和妈妈、妻子的关系走上了远程的良性互动。在拿下又一个单子后，他开拓业务的自信心爆棚。

"要不要把你媳妇也接到上海呢？"阿宝问。

"北斗星"支支吾吾："我和她在家的时候就很尴尬，一天都说不了几句话的……吃饭都在我妈家，我和她互动就很少……"

"你看到她发信息的改变了吗？你要不要做个回应？还是你干脆就想过以后没有她的日子？"

"那倒也没有，细想想她好像也没有什么不好的。之前我不想和她说话，是担心她会像我妈一样唠唠叨叨约束我。她之前说过我冷漠，我也很不开心的……"

"站在你媳妇的角度，你是不是冷漠呀？哈哈哈。"阿宝发出的笑声似乎有一种点醒"北斗星"的魔力。

"哦，是呢……"

一个月的时间，"北斗星"从公寓房换到了单元房，按照自己理想的方式收拾得妥妥当当，将妻子馨月从老家接到了上海。

开始的日子甜甜蜜蜜，馨月给"北斗星"做好一日三餐，"北斗星"也享受着被照顾的幸福。

时间长一点后，馨月的不适应渐渐呈现："北斗星"出差的时间越来越多，她一个人在家觉得孤独寂寞；自己的朋友都在老家，上海这样的城市让她觉得无法融入；家庭的开销需要向"北斗星"作说明，自己没有丝毫决策权。

馨月的不开心和不适应没有被"北斗星"觉察到。他的事业蒸蒸日上，忙得不亦乐乎，根本无暇顾及馨月的感受。

隐忍压抑的情绪终于在一次小争议中爆发。

馨月在"北斗星"出差期间挪动了家里的摆设，这种改变对于她来说，是想寻找自己新的价值体现。

满怀欣喜的馨月打开门迎接"北斗星"，却被"北斗星"的一句抱怨伤到了："没事儿干你挪家具干啥呀，感觉一点都不适应了！"

"我好心做了改变，想给你一个惊喜，你回复我的就是这句话？你一点都不关心我这么大的衣柜怎么挪动的，你不问问我沉不沉、累到了没有，你就只注意到你不方便了。你心里还有我吗？我在上海一个朋友都没有，我想花钱还要像乞丐一样和你要，我辛苦给你做饭洗衣，从来没听你说过一句感谢的话，我这是为了什么呀？"馨月的委屈泉涌一样爆发出来。

"北斗星"傻了。在他的原生家庭中，和妈妈的相处从来不需要顾忌情绪，只要自己学习好，能够成为妈妈向左邻右舍、亲戚朋友夸耀的骄傲就可以。他不用那么顾及妈妈的感受，妈妈出于本能的爱的付出，可以单向施予，无怨无悔。但馨月不是妈妈，她和"北斗星"是伴侣关系，这种关系中，馨月需要自己的情感需求被认可和被照护。

"北斗星"忙不迭地辩解："我这不是忙着工作给家里赚钱吗？我没黑夜没白天地忙乎，不都是为了家、为了你嘛！"

"你的意思是因为我才造成了你这么累的是吗？那咱们就离婚吧，我可不想成为你的累赘！"馨月如坠冰窖。

两人越说越激动，"离婚"二字说出口的时候，馨月自己也吓了一跳。

在说的当下，馨月的心里即刻就升起了"后悔"两字。

"离就离，谁怕谁呀？""北斗星"黑着脸摔门而出。

"北斗星"已经形成了遇到问题就想起阿宝的条件反射。

"鸡毛信！鸡毛信！鸡毛信！"阿宝收到"北斗星"的这条信息时就知道一定是发生了非常严重的事儿。

"什么情况？""我要离婚！我一刻也忍不了了！""别冲动、别冲动、别冲动！先深呼吸一下，唱一下咱们321宿舍的舍歌！你在哪儿？我马上过来！""咱俩常来的这个小酒吧。"

阿宝见到"北斗星"时，他脸色铁青，气鼓鼓地说："我刚回来，她就叽里呱啦抱怨一顿，一点都不顾及我出差是多么辛苦！"

"是啊，出差肯定是特别累！来，尝尝我存在这儿的新酒，喝点舒缓一下筋骨和情绪。"阿宝招呼服务生取酒，给"北斗星"和自己倒上。

激动焦躁的情绪，在谈论酒的酸甜度、颜色、余味之际消散。

"给我说说，你和馨月具体发生了什么争议？"阿宝问冷静下来的"北斗星"。

一五一十道出前因后果，阿宝边听边在手机上记录着什么。

等"北斗星"讲完，阿宝说："咱们来个时光穿越游戏，看看是不是可以不一样。"

时光倒流回馨月开门迎接"北斗星"的那一刻。"北斗星"惊喜的眼睛张得大大的："这是发生了什么？是我穿越到了仙境吗？我还有点不适应。你是怎么办到的呀？太能干啦！""我是走错门了吗？这可是焕然一新！你怎么这么能干？"

时光倒流回"北斗星"抱怨的那一刻。"哦，你会不适应呀？那你要行动的时候就可以求我拉着你的手引导你，就像是这样！"馨月说着跑过来拉上"北斗星"的手。

时光倒流回馨月委屈得像泉涌一样爆发出来的那一刻。"哎呀，对不起、对不起，我太自私，只想到我自己了，没有顾及你的感受，没有看见你的辛苦。亲爱的原谅我吧！""北斗星"从背后抱住馨月在她耳边轻声道歉。

时光倒流回"北斗星"忙不迭地辩解那一刻。"嗯，你说的有道理。你为咱们这个家实在是付出太多了，出差在外路上劳顿，见客户谈判耗心费力。所以我就想怎么能够给你惊喜。看来这个你不喜欢，那你喜欢什么呢？"馨月满怀歉意地望向"北斗星"。

时光倒流回馨月如坠冰窖的那一刻。"我这么让你伤心吗？对不起、对不起，抱歉我没有考虑到你的感受！我绝对离不开你！别生气了好吗？你打我一下出出气！""北斗星"拉着馨月的手拍打自己的脸。

一切，就在一念之间有了转化。结局，也就向着完全不同的方向发展。

要得到自己想要的结果，就不要陷入冲动的情绪当中。

06　冲动是魔鬼

第一时间就能够控制自己的情绪，不让可怕的"恶魔"出来，窍门是换位思考。每当你要表达自己时，从对方的角度觉察一下，自己如果面对这样的回应会作何感受。

感受是正向积极的，就表达出来；感受是负向消极的，就转化思路。

你对事情的进展都能够有预判，你知道你说什么做什么一定会接收到什么样的反馈。这是一种超自在的生活方式。因为你能够提前预判事情的走向，能够推动事情向你想要的方向发展。一切尽在掌握之中的感觉该有多好！

如果冲动的、即将爆发的情绪能够在第一时间被遏制住，那这个人就是神仙一样的存在。更多的时候，人会口不择言，脱口而出一些夹枪带棒的话语。

避免冲动是技术活。掌握了技术，控制冲动也就不会那么难。比如，在冲动反应之前强制做深呼吸，吸5秒呼5秒，10秒过去，冲动的情绪也就被压制下来了。这是生理调节法。还有人会选择在手指上戴一枚"天使之翼"，与它建立关系，有冲动的时候借用天使戒指帮助自己从冲动的情绪中脱离出来。这是借助象征性物品作为心理支撑。更有效的方式是对冲动行为做记录，写下触发因素、自身感受、产生结果等，提升对自身情绪波动的觉察力，提前预防情绪冲动。

退而求其次，情绪爆发了，能够反省改过，也是到达理想之地的路径。甚至即使不是自己的错误，也以承担的方式认错，从而能够将对方拉回到良性轨道上来，这样双方都是胜者，因为结局完美了。

冲动之后的自我反省，如同在精神的航海图上更正航向，以确保下次航程的顺利。

什么样的家庭关系是好的关系？就是即使魔鬼被放出来过，情绪冲动发生过，但双方还能够齐心协力再将魔鬼收回瓶中并严密封住盖子，不让同一个魔鬼再随意游荡出来。

07　有修复能力的家庭就是一个足够好的家庭

说起"好的家庭"，你脑海中可能会浮现电视剧或者广告中的各种温馨画面，夫妻恩爱、母慈子孝、孙辈绕膝。餐桌上，妈妈会慈爱地跟女儿说："宝贝，妈妈最爱你。"丈夫会热心地跟妻子讨论全家出行的计划。

这些温馨的画面，在某个时点可能会出现在我们的家庭生活中。

但如果你觉得家庭就应该无时无刻都是这样，那你是把家庭生活过于理想化了。就好像认为澳洲龙虾应该每天都有，每餐都有，否则就是一种反常。

真实的生活不是这样。如果你把镜头拉近就会发现，即使再和谐的家庭，也会产生各种各样的矛盾。

在餐桌上跟女儿说"最爱你"的妈妈，在书桌前可能会瞪着眼睛斥责女儿："不写完这篇作业就不许睡觉。"那个跟妻子讨论出行计划的丈夫，也会因为妻子看一部他认为很无聊的电视剧而对她不屑一顾。

如果我们再从家庭的整个生命周期来看，你就会发现，每个家庭都会遇到那么多的危机，经历那么多的惊涛骇浪，有些危机甚至关系到了家庭的生死存亡。

家庭是由每一位独立的个体构成的，每个人各有各的性格和脾气。没有任何一个家庭是没有对抗、冲突和问题的。

只要这个家庭具备了消除对抗、修复冲突、解决问题的能力，那它就是一个足够好的家庭。

俗话说"唇齿相依"，但牙齿也不可避免会误咬到嘴唇。家家有本难念的经。好的家庭，不是家里的经容易念，而是不管它有多难念，也会想办法把它念下去。

看待家庭的视角发生了变化，我们应对困难的情绪也会松弛下来，不会因为一时的难过而气急败坏地口不择言。我们可以容忍一时出现问题的家庭成员，给他们修正的机会。

即使是遇到家庭关系中最为严重的出轨问题，故事也可以向两个方向发展。人有权选择原谅，也有权选择不原谅。选择原谅，是因为遇到了一个这么大的困难，我们依旧拥有解决它的智慧，寻找到修复关系的方法。

受伤、指责、抱怨是一个故事的版本，重新发现彼此、原谅和放下也可以是一个故事的版本。它是一个什么样的故事，取决于我们当下采取的行动。

所以，不把家庭遇到的问题看作一次情感的危机，而看作一个需要去解决的难题。这个角度常常会给家庭带来新的生机。

真正的家，不是没有风浪的湖泊，而是能一起破浪的海洋。

阿宝和"北斗星"喝着酒，聊起了班花的婚姻故事。

"我们中学的班花，既漂亮，又聪明，又有主见，还极具人生智慧。她有很多人生信条。上中学时遇到要解决的难题，我们都吐槽老天不公，但她会和我们说'别怕，有问题解决它就好；又有新问题了，没关系，再解决新问题呗。'我这个生瓜蛋子是近些年才有这样的心态，人家上高中就有这样的见识了！估计老天也是嫉妒她这么幸运的人，她的婚姻遭遇了最不堪的出轨，她老公出轨了她的闺蜜。她说遇到出轨，是她生命中的劫，看能否渡过去。'第一，我删掉了闺蜜的所有联系方式。有人说应该找她算账。事已至此，在我心里，她已经不存在了。我们的婚姻走向如何，是我和老公之间的选择，这中间根本就不存在她的话语权，不用考虑。第二，我直面老公，请他回忆我们是否有过幸福，也让他说自己对婚姻有什么不满，问他今后想要的是什么结果。第三，我作出决定，继续我们的婚姻。'最近我们同学聚会，她坦诚分享：'我把老公出轨当作我们婚姻关系出现的恶性肿瘤。我切除它，然后做放化疗治疗，现在8年过去了，没有复发。经过此事，我们的关系更亲密了。'"

"真正的人间清醒！""北斗星"听得有些愣神儿。

"所以，你抛开冲动，想一想自己真正想要的是什么。然后现在就回家，面对问题，去解决就好了。"

"北斗星"不住地点头，完全冷静了。他知道自己想要的答案。

"北斗星"和馨月长谈。

"对不起。我一个人跑出去了，现在我向你道歉。"

"咱们这个家建立的时候不是最理想的状态，但我们可以一步一步逐渐让它成长为我们都喜欢的样子。"

"我知道我从小被妈妈围着转，养成了凡事都从个人的角度看问题的习惯，在家就很少顾及你的需求。对不起呢。阿宝说我销售可以进步这么快，把销售上的能力运用到对待你上也一样会好。馨月，以后你就是我的上帝了。"

"你来上海，我没有考虑到你如何融入这里。你没有同学在这儿，你没有可以出差换环境的机会，你没有能够宣泄情绪的出口……我还指责你，完全是我的不对！"

坠入冰窖的馨月，泪水奔涌。一点点、一层层打开了封冻的内心，被看见、被理解、被重视了的她也成为可以理智对话的人。

"我也不该脱口而出'离婚'二字。对不起！"

"我们星月同辉，好不好？"经过这一番波折，两人关系上了新台阶。

家，在体谅中加入宽容，在矛盾中减去顽固，成为充满温情并给予支撑的港湾。

08　家庭规则的"我"和"我们"

"北斗星"和馨月商定一起到图书馆参加亲密关系的俱乐部，一起学习更多的婚姻家庭技巧。在俱乐部中，他们结识了老师，认识了其他想解决家庭矛盾的成员，对婚姻有了更新的认知。

婚姻就像两家公司合并成立了一家新的公司，既要培养共同的企业文化，建立对新公司的忠诚，也要处理一系列的业务。一个公司要顺畅运行，先要有运行的规则。家庭也是如此。

就像新公司的成立需要经历前期的策略规划、市场分析和企业架构，家庭管理规则的建立也是一个精心策划和不断调整的过程。这个过程经历了讨论、尝试，甚至是争执。这个过程中需要注意的最核心因素，是需要在意识上把"我"转换成"我们"。把"我们"放到"我"之前，为家庭做出妥协，才能在有矛盾的时候为彼此找到一条出路。

一家公司的建立，无非是钱和权的问题。家庭规则建立的核心，也离不开钱与权。

钱是一家公司能够顺畅运行的血液。家庭中，谁挣钱，谁管钱，怎么花钱等是重要的财务问题。财务问题，最容易激起夫妻的敏感神经。

成家以后，夫妻怎么管钱，一般都会站在各自的立场上思考。妻子觉得，钱归我管我才能放心。丈夫听了心里就不乐意："你自己也挣工资，又不是没钱花，为什么我挣的钱也要上交给你？"听丈夫这样说，妻子就觉得丈夫不信任自己，对这份感情也不够投入。而丈夫呢，觉得妻子太势利。钱就这样成了两个人关系的隔阂。

钱的背后其实是关于信任、边界、利益、公平的问题。具体怎么管钱并没有统一的规则，是以一方为主导来管理，还是建立共同账号一起管理，还是 AA 制管理，或者每一种方式都尝试一下，最后确定最为舒服的方式。不管怎样，最终找到双方认可的方式就好。

当两个人因为钱闹不愉快时，就代表这个家还没有建立起一个流畅的处理金钱的规则，也意味着家庭这家公司的运行不顺畅。

另一个常常引发彼此计较的是权力分配，也就是在家里谁说了算，事情该由谁做主。类似旅行应该去哪里，谁洗衣服谁洗碗，晚上该几点睡觉，在一起的时候是允许抱着手机各玩各的，还是要共同找一些事做。

典型的冲突，往往是因为各自想要坚持单身时候的习惯，或者是将自己的职业身份带到了家庭场景。

俱乐部中有一对刚结婚的夫妻。丈夫是厨师，对食物的品质和烹饪方式有着严格的标准。夫妻俩在结婚前，妻子是中学班主任老师，独自生活，经常外出就餐或随意准备下快餐。

当他们生活在一起之后，生活中的矛盾逐渐浮现。

丈夫希望在家中能重现他工作时的烹饪环境，而且对食材的新鲜度和餐具的质量有很高要求。他经常事无巨细地指导妻子如何烹饪，希望她能遵循他的标准。

妻子则感到压力巨大。自己在家里连最简单的一餐也不能随心所欲地准备，觉得失去了生活的自由和乐趣。

丈夫说："我是专业的，厨房的事情我最懂。为什么你就不能按我的方法来做？"妻子回应："家是我们共同的地方，不是你的餐厅。我也想要在烹饪上有自己的空间。清淡是我这个阶段的需求，我希望能够尝试我喜欢的食谱。"

夫妻表面上在争论怎么吃。实际上，他们争论的是家庭的事情应该听谁的，厨房这个地盘由谁做主，谁来掌握家庭事务的主导权。

一个人的时候，自己做主不是什么问题；两个人的时候，它就变成了一个问题。

这一半的态度在极大地影响和束缚着另一半。

如果一个人做的决定让伴侣不高兴，哪怕对方勉强同意了，或者不管对方的意见就自己做主了，这个人还是会觉得被限制了。因为只要有一方不开心，那种暗戳戳的阴郁情绪就会弥散开来，像能够传染一样，覆盖了家的整体氛围。

这种传染是因为二人在乎对方。夫妻在意自己，也在乎对方，而且还找不到一种协调彼此的方式。那这种不适感、束缚感、压力感就会变得非常强烈。

这种状况的根源，是夫妻各自仍然被单身时的"我"牵引着，还没有完全培养起"我们"这个共同体。

当我们习惯性地强调自我时，对方就会变成我们关系里的"障碍物"。我们把对方也当作问题一样的存在。

从"我"的需求视角进入"我们"的共同视角（见图4-1），找到一个平衡点，就能够让双方并肩而立，共同面对问题、解决问题，而不是把对方也当作问题一起解决掉。

厨师丈夫和教师妻子的场景中，原本是隔着厨房操作台在唇枪舌剑，换了共同解决问题的视角，剧情会向不一样的方向发展。

厨师丈夫绕过工作台，搂住妻子的肩膀，建议说："咱们是不是可以将吃饭的问题做一下区分，根据需要做不同的安排。"

两人商量了细节。厨师丈夫在家吃饭的时候本就不多，因此让妻子决定两个人一起时如何吃：一是能够让妻子觉得自己的权利被满足了，体现了照顾先生的价值；二是这样也可以拓展丈夫对不同

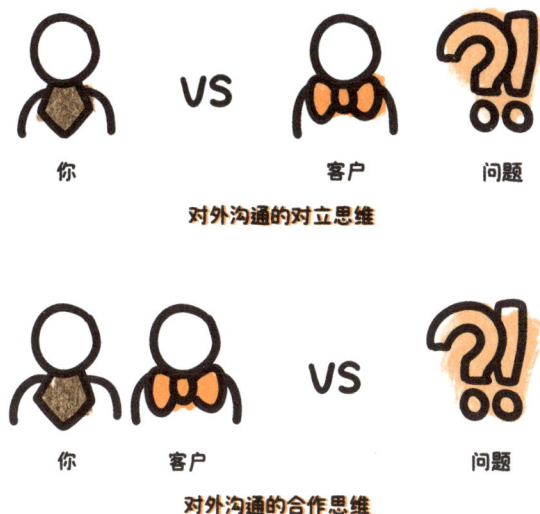

图 4-1 对立思维与合作思维

食物的感知，说不定还能够给丈夫研发新菜式带来新鲜启发；三是丈夫也可以乐得清闲，不至于一年365天都在操劳做饭。

如果两人邀请亲朋好友来聚会，那么就让丈夫全权负责，既能够显示出大厨的专业，亲朋好友也会觉得被超级重视了，丈夫还能在众人的夸奖中得到快乐和满足。

家庭规则就这样建立起来了。

家庭规则其实是一种协调机制，两个人通过对自己的改变和对对方的适应建立起夫妻共同的空间。就像是两家公司在沟通合作的细节，这个点上你进一点，那个点上你退一点，这个层面我愿意以你为主，那个层面我要多做掌控，最终磨合出双方都认可的规则。

灵活改变，万事皆通。

"北斗星"和馨月丰富了对二人世界的认知，晓得了各自需要做出适当的改变才是关键。

俱乐部中有一对个性超强的夫妻提出疑惑：为了"我们"选择

改变，那"我"到哪里去了？要是将"我"消灭了，我可不愿意！

"改变，并不意味着一方要一味迁就另一方，完全把自己消灭掉，而是找到双方都能接受的平衡点。如果真的把'我'给变没有了，谈恋爱的时候你们看上对方的部分不复存在了，那么也一定不会有好的结果。"家庭指导老师回应。

一对关系，要在"归属"和"自主"之间把握平衡。

当你决定要走进一段关系的时候，就需要做好适当改变的准备。

"好的结果是找到适合的度，而且这个度也不是一成不变的，而是一种动态的度。就像我们选择美食，大多数人希望一日三餐换着口味吃，而不是顿顿都是豆浆油条。"老师举例子说。

A是北方人，喜欢吃面食。B是南方人，喜欢吃米饭。两人如何协调来建立家庭的饮食规则呢？有这么几种可能：第一种，一方迁就了另一方，家庭口味统一了；第二种，谁也不迁就，各吃各的，下馆子也各下各的，完全如结婚前一样；第三种，两人决定第一个月中午吃米饭，晚上吃面食；下个月变成平时吃米饭，周末吃面食，再后来，不那么在意是米饭还是面食，哪家好吃就去哪家吃，因为主食只占了一顿饭的一小部分，没必要因为米面耽误品尝其他美食。

变通后发现，以为是大问题的问题，其实可以不是一个问题。聪明的处理办法是既能满足自己的需要，也能满足对方的需求，两人还共同有了新发现。

开动脑筋，一个问题的解题思路有千千万，双方完全可以寻找创造性的方式将问题解决掉。

家庭生活的精髓，在于将冲突转化为成长的推动力。

家庭财政大权是最常见的引发冲突的核心。怎么决定谁管钱呢？俱乐部中有对夫妻介绍经验："我们就各自拿了相同数目的钱，开展了一个为期一年的理财比赛。谁的收益大，钱就归谁管。"

老师引导大家将自己的难题提出来，鼓励大家分享权利均衡的心得或者有创意的答案。

问题："谁来洗碗？"

答案："用游戏的输赢来决定。"

问题："谁来清理猫毛？"

答案："猫咪是妻子要养的，所以清理猫毛的任务由妻子承担。对丈夫的要求是不得抱怨衣服上有可能会被猫毛沾上，如果发现了猫毛需要清理，要平心静气提出要求。"

问题："两人闹别扭了谁来道歉？"

答案："无论是什么情况，都是老公来道歉，这是老公爱我的一种方式，是我们维护关系的一种态度表达。老公也喜欢哄着我，因为这样他觉得有权威感。"

问题："孩子到底是要上奥数还是学游泳？"

答案："两个都先去试试看，看孩子喜欢哪个、适不适应，不行我们再改。也许两个都学，也许选其一，也许都放弃再选其他。"

你遇到的问题：＿＿＿＿＿＿＿＿＿＿＿＿＿＿＿＿＿＿＿＿

你的创意答案：＿＿＿＿＿＿＿＿＿＿＿＿＿＿＿＿＿＿＿＿

09 "幸亏有你"的欣赏和感激

这些创造性的办法，背后都有一种态度，就是谁也不会认为自己做出改变是一种屈服，而只是双方在寻找都认可的解决方法。

它背后有一个假设：我们的关系融洽比分歧更重要。两人做出的改变，不是你改一条我才能改一条。组建家庭如同两家公司合并。公司谈判的原则要求双方责权平等，家庭关系的基础是爱，爱是无价的。那么能够回报爱的是什么呢？是欣赏和感激。

当另一半愿意为了迁就你而放弃他的习惯，为了关系和谐而主动学习了新的沟通技巧，一定要欣赏和感激对方为家庭、为你所做出的改变。

欣赏和感激是你用行动展现对这段关系的承诺和珍视。无论是一句简单的"谢谢"，还是一次深情的拥抱，抑或是满含爱意的深情注视，都能够传递出你对他所做出的改变的认可和感激之情。

爱不仅仅是接受，更是双向的给予和成长。

亲密关系中的对话，用"幸亏有你"开头，会收到意想不到的效果。

"老公，今天幸亏有你在呢！不然我今天中午就只能泡面果腹了。有你才有这么好的美味，么么哒！"

"幸亏有你！不然今天可是要糗大发了。我明明记得把演讲稿放在口袋里了，结果还是不翼而飞！有你细心地准备了备份文件我才不至于出纰漏。谢谢老婆！"

"老婆，你知道有你多好吗？幸亏有你，要不然我还不知道自己现在是怎样的一种状态、在哪流浪着呢。谢谢你成就了今天的我！"

"士为知己者死，女为悦己者容。"在欣赏和感激之间，双方关系会进一步跃升。即使遇到新的障碍，这样的稳固关系也能够经得住考验。

当你用到"幸亏有你"，你才会发现原来对方为自己做了那么多。只不过我们日常生活中，把这种付出当成了理所当然，最后就慢慢视而不见了。

在你留意使用"幸亏有你"之后，你自己也就拥有了一双发现对方优点的慧眼，优点也就会在他身上越积累越多，他会变得越来越好，你们共同的家庭，包括自己，也在他越来越好的情况下获得更多收益。何乐而不为呢？

相反，如果一方从对方那里收不到任何好的反馈和回应，那么这一方就免不了开始计较"凭什么是我改"，他也不再把"改变"当作心甘情愿的付出，而是将它看成是对方对自己的强迫。

这样的家庭就会变成计较谁付出得多、谁付出得少，将家庭关系的以"我们"为先倒退回了以"我"为先，变成一笔无法算清的烂账。两个人也会因此把彼此放到对立面上。

在爱的奏鸣曲中，每一次减掉"自我中心"，都是为了加强爱人之间的和谐。

欣赏和感激贯穿在两人的相处过程中，更加有力的感激方式是当众表达自己对另一半的感谢。

在爸爸妈妈面前夸赞老公："谢谢你们养育了这么好的儿子。他可太能干了！你看这家里被他打理得井井有条，做饭还特别好吃，工作也那么好。我要向老爸老妈表示特别的感谢！"

当着朋友的面夸奖另一半："我老婆眼光好得不得了，看我今儿这件衣服没？高科技材质，智能温控布料，穿上真的是冬暖夏凉。你说帅不帅？俺家的女神对高科技的感知是绝对的超前！"

在这样的家庭里，人们就不会为了这餐饭应该谁来做而起争执，就不会因为谁来倒这一袋垃圾而有冲突，也不会因为由谁去接孩子而大吐苦水。

每一声真诚的"幸亏有你"，都可以减轻生活的重负，加强爱的喜悦。

"幸亏有你"练习：看看你的"幸亏有你"列表会有多长。

幸亏另一半不会做饭，我练就了厨艺。

幸亏另一半不会做家务，我练就了强壮的身体。

幸亏另一半不会带孩子，我成了育儿专家。

幸亏另一半不会驾驶，我成了能够掌握方向盘的家庭司机。

幸亏有你的细心照料，孩子们才能健康快乐地成长。

幸亏有你的一双巧手，我每天都能享受到美味佳肴。

幸亏有你坚定地站在我身边，给我力量。

幸亏有你和我一起分享生活中的喜怒哀乐，让我感到不再孤单。

幸亏有你的建议，在重大决策面前我才能更加明智地抉择。

幸亏有你对我工作的理解和支持，我才能无后顾之忧地追求职业发展。

幸亏有你＿＿＿＿＿＿＿＿＿＿＿＿＿＿＿＿＿＿＿＿＿

＿＿＿＿＿＿＿＿＿＿＿＿＿＿＿＿＿＿＿＿＿＿＿＿＿＿

＿＿＿＿＿＿＿＿＿＿＿＿＿＿＿＿＿＿＿＿＿＿＿＿＿＿

＿＿＿＿＿＿＿＿＿＿＿＿＿＿＿＿＿＿＿＿＿＿＿＿＿＿

10　家庭中，看见每个人的需求

时光飞逝，"北斗星"家里增加了新成员，儿子"小太阳"。

"小太阳"的称呼是奶奶的贡献。她说这个名字配合了父母的名字，"北斗星"、馨月、"小太阳"，星星、月亮、太阳集齐了。太阳，还说明了现在孙子是这个家庭的绝对核心。奶奶来上海帮忙照顾孙子，"北斗星"喜笑颜开地换了更大的房子。他准备享受三代同堂的其乐融融。

现实，却是鸡飞狗跳。

奶奶担心"小太阳"受凉，要给他穿很多；馨月主张说，看了育儿书，要穿少，不能让娃娃上火。

奶奶随时都想让孙子吃点什么，担心他饿着；馨月坚持一定要定时喂奶，不能打乱节奏。

奶奶刚听到孙子哭一声，就马上抱起来哄；馨月反驳说，小孩子哭一会儿是在锻炼心肺，有利于健康。

两人意见不一又无法说服对方时，就会找"北斗星"倾诉自己的理由。

沉浸在初为父亲的喜悦中，"北斗星"无暇顾及问题，只会用一样的口吻送上安慰："没事儿没事儿，你就按你的办法来就好。"

他不想正视存在的问题，以为这样放一放、挨一挨，在某一天问题就会被化解了，就不存在了。

但事情变得更为糟糕。

"北斗星"短暂出差回来后，发现家的氛围不一样了。妻子和妈妈相互之间几乎没有交流，就连儿子哭闹了，也是要等一段时间，看那个人没有过去，这个人才会冷着脸过去管孩子。

他知道问题严重了：不去解决是无法自行消退的，这样下去不仅大家都不开心，对儿子的成长也会产生巨大影响。

"北斗星"认真思考后选择了站在妈妈一边，想要说服馨月。他的理由有三：一是妈妈是长辈需要被尊重；二是妈妈来帮忙很辛苦了，不能让她受委屈；三是家庭和谐对孩子来说很重要，需要一方来让步。

馨月无法接受爱人忽然之间背叛了自己。她委屈地流着眼泪："为什么需要让步的是我？我是不是孩子的妈妈？我是不是这个家的主人？你的这三个理由有一个是站在我的角度考虑的吗？如果你觉得需要听你妈的，那也成，那你和你妈过，我和我儿子过！"

"你怎么当妈之后变得这么不可理喻了呢？""北斗星"被馨月的连珠炮轰炸到无法控制情绪，感觉自己的深思熟虑被全盘否定了，所以指责的话脱口而出。

家里的氛围因为三个人心里的不愉快而压抑着，说出的语言都变了味道。

尤其当奶奶知道了儿子站在自己一边时，当"北斗星"在家就更是口无遮拦了。

"你看这小手凉的！"婆婆故意用这句话影射馨月不让孩子多穿。

"我都养了这么大一个儿子了，是吧？"婆婆看着"北斗星"信心满满地求证实。

"咱要是不随时随地多吃点，宝贝你能长得这么胖乎乎吗？"婆婆的话里夹枪带棒了。

馨月觉得自己没有了容身之处，有带儿子离开的想法，但又发现没有任何一个地方可以作为她和儿子的落脚之处。她常会默默掉泪，因此迅速消瘦下去。

阿宝来"北斗星"家沟通事儿，发现了异样："'北斗星'，你有注意到馨月眼神无光吗？"

"北斗星"被提醒了，才忙着回过神儿来观察馨月。他吓了一跳，馨月几乎变成了一个自己不认识的人。

当一个人感觉自己完全没有价值了，就没有了生机。馨月没有工作，缺少朋友，在这没有亲戚依靠，做妈妈的权力被剥夺，在自己的家中没有话语权。她没有了生活的动力。

没有感受到被需要，反而是被排斥，馨月是被家庭的扭曲伤到了。

一个良好的家庭，需要有一个良好的家庭结构。

什么是良好的家庭结构？就是夫妻应该是家庭里最重要的系统，两个人要相互支持，共同支撑一个家。

当外界的因素介入家庭结构中，她只能是支线，不能侵蚀到家庭的核心系统中，否则就会出现许多的问题。

当奶奶来帮助带孙子的时候，两个女人生活在一个屋檐下。她们之间实际上是有一定的竞争关系的。除了争夺男主人的情感之外，一个核心的问题是：这个家到底谁说了算？

馨月想要的就是家是我的，儿子是我的，婆婆是来帮忙的，婆婆不能行使我家的管理权。我是这个家里的女主人，你需要听我的。如果在这件事上没有得到确认，那么孩子的养育方式、家里该做什么菜，以及老公应该听谁的等，都会变成有争论的事情。

有些婆婆愿意顺从儿媳的规则："我来帮忙，这是儿子和儿媳的家，应该听儿子儿媳的。"这样就不存在权力之争。但"北斗星"的妈妈形成了管儿子的习惯，也想管孙子，就形成了与馨月的矛盾。

解决婆媳矛盾的关键人物是丈夫。他必须有所表态，并且这个态度一定是要站在妻子的一边，矛盾才能够化解。

因为只有家庭结构的核心系统稳固，所有其他因素才能相安无事。

这就如同一家公司或者组织的运营，要先确定了领导核心，这个公司或组织才能有效运作。

夫妻永远是这个家里的领导核心。妻子需要的不是一个虚幻的权力，而是丈夫实实在在地在情感上支持自己，和自己站在一边，自己能够当家作主。只有这样，他们才能一起处理家庭里的各种难题。

如果丈夫跟妈妈表态："妈，你就别多说了，我觉得还是应该听我老婆的。"这样妻子就知道丈夫是站在自己这一边的，自己才是家里的女主人，她就会学会如何行使女主人的职责来维持这个家的和谐稳定，包括怎么处理和婆婆的关系，才能让家庭运转得更好一些。她就能和丈夫相互扶持，一起来商量这件事。

相反，如果妻子不确定自己是否在家庭女主人的位置上，就很难去思考怎么维持家庭的和谐稳定，而只会思考怎么去争夺这个位置。

所以，当妻子和婆婆产生矛盾时，丈夫一定要站在妻子这边来维护妻子的地位。这个原则放在女婿跟丈母娘家的关系同样适用。这跟具体的事情无关，而跟家里的位置有关。

知晓了根本的原则，所有看起来各式各样的家庭问题，都可以先解决核心问题，而其他关联的问题也会随之迎刃而解。

　　焦虑的"北斗星"回到图书馆俱乐部寻求专家的帮助,明晰了自己应该坚定地站在馨月一边帮助她维护女主人的家庭地位。

　　第一件事,"北斗星"回家和馨月推心置腹地道歉,承认自己的错误,获取馨月的原谅。

　　第二件事,"北斗星"和妈妈提出要求,这个家里的一切都需要遵从馨月制定的规则。

　　从小对妈妈顺从惯了的"北斗星",没有胆量直接跟妈妈提要求。于是,他以妈妈这段时间照顾孙子过于劳累为由,约妈妈外出吃饭,并且约上了阿宝。

　　阿宝自然是知晓"北斗星"的用意,他用讲故事的方式开场。

　　"阿姨您真是有福气。儿子这么能干,儿媳全力支持他工作。现在有了小孙子,他们还有您帮忙看孩子。一家人真幸福啊!我们大学寝室的4个人,现在'北斗星'是最幸福的那个!我们所有同学都羡慕他呢!尤其是悟空,属猴的那个,他现在可真是有点惨,天天不想在家待了,总和媳妇吵架。今儿还找我评理来了。"

　　阿宝徐徐道来悟空一家的情况。

　　今儿下午悟空和媳妇带孩子在小区散步,有邻居碰到了问:"这孩子真可爱。你们是谁在带孩子呀?"媳妇随口说:"是我爸妈。"

　　悟空就特别生气,因为他们家是两家父母轮流来帮带孩子。他回去质问媳妇说:"你凭什么只说你爸妈带孩子,不说我爸妈呢?他们这么辛苦,你怎么能提都不提他们呢?"

　　媳妇也很生气,说:"你也太敏感了。这个时间段就是我爸妈在呀。再说了,你爸妈带孩子的时间,哪有我爸妈多?"两人就这样吵了起来。

　　他们一吵架,孩子哇哇哭,姥姥姥爷就来问是怎么了。悟空没好气,没有理会,就到阿宝这儿来诉苦了。

　　"阿姨您给评评理,这可该怎么解决?悟空说他吵架吵得都想离婚了。如果您是悟空或者悟空的媳妇，其实本心不想离婚，只不过是一时争吵到了一个节骨眼上，才闹出现在的尴尬。您帮忙出出主意该怎么办？"阿宝讲完故事反过来请教"北斗星"妈妈。

"让悟空他们各自想一想对方的好呗。如果相互挑毛病的话，那就真的是没救了。不怕你们笑话，我当初和'北斗星'爸爸分开的时候就是话赶话地吵，到最后收不住了。最后那天办离婚，我到现在还记得清清楚楚。他对我说：'你今儿看起来可真年轻。'可我还是气鼓鼓地回复：'你现在才知道啊？'其实，我心里真的想让他再说一句'我说的是实话'。就一句，最后的结果可能就会不一样了。哎，当时死要面子、被情绪控制了，就怼过去，拉不下脸面，可真的是害了自己……"

"哦，我明白了，还得是您帮着解开问题的症结。这个事儿的根本是悟空他们两个的小日子没有过好，连带着爷爷奶奶、姥姥姥爷甚至是孩子都不可能开心了。先是他们两个好了，大家才可能都好起来。悟空他们的吵架行为，看起来是在为自己父母争功，是特别孝顺的表现，但他们忽略了在这样的思维和行为下，他们不是一对夫妻，而是各自家庭的代表，都回归到了各自原生家庭的阵营。这就给他们家庭生活带来了很多问题。如果一个家庭的核心成员变成了别人家的代表时，那势必会损害自己家庭的幸福。"

"阿宝这说得头头是道，太到位了！你劝劝悟空，一个男人要主动去表扬媳妇，多说几句好话，女人就是需要哄的。没孩子的时候他们多甜蜜，两人并没有啥大的情感问题。换个角度相互欣赏着去沟通，他们的父母们肯定也不期望两个人有争执的。"

"您说得太对了。我吃了饭就去找悟空说。我也和'北斗星'说过，对馨月好一点，别让她整天闷闷不乐的。据说现在产后抑郁症特别多，'北斗星'也多照顾馨月，别像悟空他们家似的过得不开心都要离婚了。"阿宝给"北斗星"递了一个眼色。

"妈，那我在咱家以后也多表扬馨月，家里的事儿多由馨月做主。这样大家欢欢乐乐，'小太阳'也高高兴兴。您不会不开心吧？"

"大家都开心，我没有理由不开心呀！"

"那如果我们想让'小太阳'少穿点、养成定点喝奶的习惯，咱们就一致行动吧。""北斗星"生怕自己听错了，说出这些细节进行确认。

"没问题！和阿宝聊天儿的这会儿，我突然明白了，悟空家的问题咱家不是不存在，而是馨月一个人没有办法和我们争执，所以她不开心。今儿咱这饭就吃到这儿，阿宝你去帮助悟空，我们就赶紧回去照顾'小太阳'和馨月了！"

11　无边界无自由

夫妻双方从结婚的那一刻起，自己的小家庭加上各自的原生家庭，构成了三个家庭的复杂系统。如果夫妻关系中的一方或者是双方在系统中摆错了位置，那么必然会发生错位的矛盾。

比如，老公和自己的父母在一起时用方言交流，而妻子却听不懂。语言就是一种工具，把有共同语言的人圈在一起，而把不懂这种语言的妻子划到了圈外。这时候妻子就会生气，她会觉得自己被排除在外了。她没有办法直接表达不满时，就会借孩子的理由说事儿："你们以后不要说方言，这样孩子以后混淆了，普通话就不标准了。"父母听了也会很生气，觉得媳妇不可理喻，一家人都开心不起来。

同样，老婆因为老公经常晚回家而不满，但她不好意思说期望老公多回来陪陪自己，就每次让儿子打电话说他想爸爸，让爸爸快点回家。爸爸在儿子的语气中听出了妻子的情绪，就非常不开心。他感觉妻子和儿子结成了联盟针对自己，感觉自己被孤立了。这个家庭就会变得不稳定。

只要夫妻系统失去了它的功能，就会导致家庭的不稳定。

所以，当妈妈对儿子说："我二十多年来，吃什么、穿什么、用什么，我把你照顾得好好的，没让你受过一点委屈、吃过一点苦。我可不能看着你结了婚反而过得不如从前了！"儿子一定要坚定地拒绝这种好，并对妈妈说："这是我们自己的问题，我们会处理好。"

同样，当爸爸对女儿说"你但凡遇到一点儿委屈你就回来找老爸，老爸去找那个欺负我家公主的人算账！"女儿要毅然地对爸爸坦言："老爸，放心吧，我们都是成年人了，会把问题处理好的！"

这样对父母说话会很难，因为我们担心会破坏与父母的亲子关系。但我们已经长大，为了小家庭的和谐，我们必须成长，和伴侣站在一起，与自己的原生家庭保持适当的距离。

一旦亲密关系出现了矛盾，夫妻都习惯从自己的父母那边寻求帮助，也都习惯维护自己父母的利益。当他们都跟自己的原生家庭更近的时候，夫妻系统就开始变得空心化了。两个人的关系，也会变得越来越冷漠。

这就是"灾难"的开始。

所以，必须要明晰夫妻系统与原生家庭的边界。只有夫妻站在一起，他们才会有那种"我们是一家人"的亲密感觉。

小家稳定了，大家才会和谐。

在有爱的家庭中，适当的边界不是围墙，而是家庭成员自由飞翔的起点。

春暖花开的时候，"小太阳"已经可以蹒跚着探索这个世界了。

他咯咯笑着好奇地玩泥巴，不用担心脏了自己的衣服，因为奶奶和妈妈都知道脏衣服是可以清洗干净的；他一摇三摆地爬上阶梯再爬下来，欢快地体会差点要跌落的感觉，因为爸爸妈妈知道这个高度即使摔一下也不会伤到身体；他可以随意和小区的任何一个小朋友互动，不用担心奶奶和爸爸会怕他受到不良影响而把他强行拉走。

给予"小太阳"的自由，鼓舞着"北斗星"全家珍惜自由带来的舒展和潜能，没有人随意去标签化另一个人，没有人想要束缚另一个人的发展，每个人都努力地要发展成为最理想的自己。

馨月做了计划，要学习成为一名家庭关系咨询师。

在自由的翅膀下，思想得以翱翔，创意得以迸发，梦想得以追求。它赋予了馨月冒险的勇气，尝试的权利，甚至拥抱失败的可能。没有束缚的思想，可以穿越时间与空间的边界，触及那些只有在最大胆的设想中才能到达的领域。

自由，让人能够不断进步；自由，培养出不屈不挠的探索者。

减去掣肘和限制，加上理解与支持。幸福家庭的园地里，每一次对边界的梳理都让关系更为融洽，每一颗自由的种子都冲破了成长的障碍，让家成为爱与成长的乐土。

12　每一个人的归宿，完全可以自己决定

"在我家，我们能够看见他人的需求，我们相互独立又相互支持（见图4-2），我们发现问题就坦诚说出来，然后就能够解决问题。"馨月现在成了图书馆俱乐部里传承家庭幸福观念的、侃侃而谈的布道者。

能够看得见各方需求的家庭，家庭成员之间的沟通是开放和有效的。每个人的感受和需求都被认真对待，无论是妻子还是丈夫、孩子，都能在家庭中找到被听见的机会。这种相互尊重和理解构成了良好家庭关系的基石。

当家庭成员表达自己的观点后，在句尾加上"好不好"的询问，这是以尊重对方的方式在商议，而不是在灌输或者辩论。

图 4-2　独立 + 支持

在成员间相互独立又能相互支持的家庭中，每个人都有自己的空间和自由，可以发展个人的兴趣和追求。在困难和挑战面前，家庭成员又会伸出援手共同面对。

在这样的环境中，即使面对生活的磨难，每个人都依然能感受到温情与力量。因为他们知道，无论何时何地，家总是他们坚强的后盾。

能够修复问题的家庭，反映出家庭有应对内部冲突和外部压力的能力。没有一个家庭是完美无缺的，但好的家庭关系能够通过对话、谅解和妥协来解决分歧，从而维护和增强家庭成员之间的联系。

当你聚焦在被伤害的感受上，你会持续感觉到悲伤；当你聚焦在经验教训上，你获得的将会是成长。

"风雨之后见彩虹。我爱我现在的家，一个拥有自由的温暖的家。在自由的阳光下，每一颗种子都有成为参天大树的可能，每一个灵魂都有展翅飞翔的梦想。真正的爱，让一个人成为他自己想要的样子，而不是别人想让他成为的样子。"

馨月发自肺腑地分享出这句话时，看向"北斗星"的眼神里充满了感激。

忙碌的年底，"北斗星"还是会披星戴月很晚回家。但如今回家的路，是被照亮的！

馨月不管多晚都会留着的那盏点亮的灯，妈妈换着花样填满了保温桶的养生汤，"小太阳"带着奶香的胖嘟嘟小脸，都让"北斗星"的脚步更坚定地朝着回家的方向。

第五章

CHAPTER 5

职场

探索中成长

小强完成报到，坐到自己的工位上，第一件事是拍张挂有自己名牌的工位照片分享给女朋友尚佳。

"报到啦！恭喜我家强强开始了新的人生旅程。优秀如你！"随着信息过来的，还有不断发射出爱心的表情符号。

"下一个目标，我会争取尽快转正！"小强的回复显示出他前进的方向。

新航程，需要加上精准的方向，减去无用的徘徊。

小强先确定沟通关键人物，自己的顶头上司。小强发出了第二条信息："何川好，我已经完成报到了。看您什么时候有空，我找您做个沟通？"

小强在报到之前做了充分的心理建设。他觉得现在与任何人沟通都不在话下。

昨晚，他和尚佳一起用回忆的方式给自己打气，拿出所有证书摞在左手边。

最上面的一本是CG竞赛冠军证书，然后是北京电影学院奖学金证书，社会实践先进奖，技能培训证书，还有演讲第一名证书……回忆着辛苦但收获满满的历程，一本本看过后，依次放到右手边摞起来，欣赏着慢慢长高的证书塔，内心的自豪和骄傲也随之蔓延，一点一点地挤掉了初入大厂的忐忑和担忧。

"强强你完全没问题。万一有担心时，就想想你的证书塔，这就是你能力的证明！"尚佳拍着红彤彤的证书，一脸骄傲地鼓励着。

"欢迎优秀的小强进入 AI 制作团队！我上午都在会议中，我们下午 3 点沟通。请你先和你的师兄范超沟通。"何川的回复将小强从回忆中拉回来。

01　职场，永远不打无准备之仗

小强不想打无准备之仗。

他知道第一次和人打交道如果切入精准，那么第一印象就会是靠谱、能干、有想法，这样在后续的工作沟通中就会减少很多无谓的摩擦和怀疑。

他没有急着联系范超，而是马上登录到公司内网搜索范超的名字，看有什么能够提供线索的信息。

跳出的文章列表惊到了小强：《沉淀自己的方法论，比你想的更简单！》《分享生活中的 AI 案例》《成天开会，但都开明白了吗？》《你只负责奔跑，剩下的交给时间》《起床后的黄金一小时，我是这样利用的》……作者署名都是范超。

小强一一拜读。他知道应该如何与范超对话了。

从组织架构中搜索名字找到"范超"，点开对话框："超哥好！我是今天来报到的小强，何川说您是我的师兄。遇到您我可太幸运了！我知道我能向您学到无数的知识、汲取到无限的能量，从智能场景设计到如何高效开会，从建立职场信念到起床后一小时如何充分利用，都能跟着您学到。这可太让我开眼了。您可真是一位宝藏哥哥！请带带我这只菜鸟！"

随后，小强给超哥发出自己的 PDF 简历："这是我的简历介绍，方便超哥初步了解我。在您方便的时间，我想当面向您做详细的自我介绍。"

"哈哈，欢迎打不死的小强。昨天何川和我说了会来一个优秀的小朋友，看简历果然不凡！现在到27-125来找我吧。"超哥秒回信息。

超哥上下打量着小强："你今儿是特意穿成这样吗？T恤＋牛仔裤，帅！"

小强脸红了，像是被看穿了心机的小哥："超哥您可真是慧眼！是，是我女朋友帮我准备的。她说报到第一天，要充满自信地亮相。做好充分准备，表现出我开展工作的专业性和从容感。"

"哈哈，完全做到了，第一印象深刻！来来来，我来给你讲讲我们团队的核心工作。我们团队的工作用一句话定义就是'我们是魔术师，我们竭尽全力给用户塑造有真情实感的形象'。这你都懂。我们用的系统是……"

小强忙拿出笔记本和笔，认真记下师兄的每一句提示。不知不觉一个多小时过去，小强足足记了6页信息。

"认真记录很是细心呀。不过记下来和上手操作是两码事儿，后续有任何问题来找我就成。到吃午饭的时间了，去吃饭啦。咱们有餐厅，你也可以点外卖，或者到附近的餐馆去吃饭。我和伙伴们今儿去吃水饺，冬至啦。"超哥心直口快，效率极高。

"可以带上我不？"小强问。"当然。我招呼一下另外三位同学，咱们走起。"

大家吃着水饺畅聊，问小强的兴趣爱好、问家乡美食、问旅行经历……小强一一作答，并回问大家问题，还顺便讲了自己今天上班在楼群之间绕了三圈才找到1号门的糗事儿。无所不包的沟通让小强觉得找到了同好，亲切温暖。

回到座位，打开手机里的记事本，小强查看清单列表：

○职场朋友圈，主管/师兄/团队伙伴/HR/面试官；

○工作工具箱，工作沟通群/企业邮箱/工作流权限/软件权限/文档模板；

　　○软性沟通，中午约伙伴吃饭，适当暴露糗事儿；

　　○道具，衣服／背包／笔记本／笔；

　　○理念，不打无准备之仗；

　　○种子，勇敢种下种子。

　　开启新项目，就要列出相关联的清单列表。这是小强在大学期间建立起来的习惯。

　　这个习惯让他一路开挂，从生活委员到班长，甚至到学生会主席的竞选，一路跨越提升。因为他从没有耽搁过事情，小强承接了的事情都能够按时落地。所以他被评价为"靠谱"。

02　靠谱，职场上最好的评价

　　小强事事落地，从不忘事儿，因此也赢得了"最强大脑"的绰号。

　　小强知道，被自己称为"第二大脑"的管理软件才是真正让自己不忘事儿的最强大脑。

　　浏览信息，他发现还有一个待办的事项要完成，就是给HR及面试过自己的面试官发信息。

　　"您好，我是盛小强，感谢您在面试时候的指点、帮助和支持。今天我正式到岗了，我的工位在27-125。您坐在哪里？方便的时候，我来跟您打个招呼。"

　　这是提前三天就已经编辑好的信息。小强知道自己的弱项，就是在"可做"和"可不做"的事项面前会非常纠结。和招聘HR、交叉面试官、跨级别的面试官的沟通就属于"可做可不做"的事项。

　　不做，完全不会影响今天报到开始工作的进程；做了，也不会对今天的工作推进产生跨越式的影响。所以，自己需要提前做好准备来克服"这么做打扰了面试官""这么干的意义在哪儿""是不是显得我特立独行""会不会被其他同事看到认为我是巴结领导""他们会不会拒绝""要不要和其他面试的同学打个招呼"等这些在脑海里上下翻飞的杂念。

行动，是战胜纠结和焦虑的法宝。

小强将5条信息分别发出，心想："哈哈哈，这样纠结的就不是我，而是对方啦！"

"恭喜你呀小强，我还记得拿到你简历时的开心呢。你就是我想找到的人！果然顺利入职啦！我在12-26，但今天需要浏览200份简历，有些忙，后续有需要帮忙的时候就来找我。"招聘HR回复很快，但拒绝了见面。

"欢迎新生力量加入。我现在出差在外，回公司了约。"交叉面试的制片人老汪话语简短。

"封闭培训中，有急事儿请沟通代办同学苏秦。"产品经理李凡设定了自动回复。

"我在27-036，过来吧。"主管何川的领导钱峰秒回。

"来啦！"小强忙不迭地站起来寻找钱峰的工位。

"钱总好！"

"不要叫总，会被罚款的！"

小强对这样的要求感到出乎意料，不由紧张起来。

"你刚来，还没有参加培训，不怪你。在咱公司，没有总、没有老师，大家都是直呼名字，一个战壕，互为兄弟。这样你开口说话，就不会感觉有上下级的区别，大家说话就会直接、高效、透明起来。大家都叫我钱峰或者峰哥，你自己选择着叫就好了。之前面试是视频进行，今天终于见面了，生龙活虎地年轻着真好。咱们团队没有天花板，用产品说话，拿结果是核心。等着你脑子里的智慧喷涌呈现！这本书《启示录：打造用户喜爱的产品》送给你，初入职场的同学最初读可能无感，随着工作深入你会越来越有感，值得反复读。

去忙吧，我也要干活啦。哦，你有啥要说的不？"说罢，钱峰坐回到椅子上。

"谢谢峰哥，我会认真读这本书的！"小强一开始升起的紧张还没有消散，简短仓促回复这句后返回座位，觉得肚子里似乎憋着什么没能倒出来，心里感觉不自在。

"与何川沟通"，日历提前15分钟提醒，小强将不自在的心绪暂时关闭起来。

"来，我刚发了一个文件链接给你，打开，我根据我的OKR（目标与关键结果）和你梳理一下我们团队以及关联团队的工作，中间会带出来需要你具体做什么。"何川直入主题。

小强认真听、不懂的地方打断了问、细心记下重点："谢谢川哥，重点都记下了。我今天下午就会梳理自己的OKR，明天一早发您审核修订！"

"嗯，能够迅速提炼出需要落实的工作，确定完成的时间节点，眼里有活儿，不错不错！还有什么要问的吗？"

"没有问题啦。今儿特别开心见到川哥和大家。超哥指导我OA及各种工具的使用。今天中午和超哥还有文涛、浩然、冉峰一起吃饭聊得特别开心。川哥的团队可真好呀。我也和交叉面试过我的面试官们打了招呼，峰哥还送了我一本书呢。"小强用欢快的语气介绍了今天的收获。

他的用心在三，一是通过说自己的感觉表达出对主管何川的赞誉，二是将自己与团队在迅速融合的状态呈现出来，三是把与何川的领导钱峰有过沟通这件事主动讲出来，避免造成主管从他人口中得知自己越级沟通形成误会和麻烦。

"哈哈哈，真好，融入得很快！我说呢，有同学说看见你直接和峰哥对话了。峰哥是真正的业务大拿，沟通会让你受益匪浅的。沟通的信息如果是和工作有关的知会我一声就好，避免咱们信息不对称造成工作上的不便。我来的时候他也送了我同一本书，好好读！"

何川的反馈让小强知道自己最后这段话说出来至关重要，避免了给何川的初始印象受到别人道听途说传递给何川的错误信息的影响。

职场上的靠谱之人是那些在"准备"上加码，在浮躁中减速的智者。

小强熟悉系统、研究OKR、撰写自己的OKR……一个下午，时光如箭般飞逝而过。

下班前半小时，小强给第一个接待自己的人力资源团队的同事心岩发信息，告知第一天的工作进展和感悟。心岩发来下周的新员工培训计划，提示后续会有培训HR的同学发出培训邀约。小强第一时间将安排标记到日历中，避免事项冲突。

到了下班时间，小强看大家都没有离岗，各位伙伴还都在电脑前埋头忙碌着。

小强向师兄超哥请教。"下班时间的把握以完成工作、不提前离岗为准。最近没有那么忙，你又刚来，离开前如果何川还在位置上，就去打个招呼下班就好。如果赶上团队战斗期间，例如某个项目的攻坚期，那么一定要和团队共同承担任务。一起打过仗的就有了战友情。"超哥言无不尽。

小强下班回家，兴奋地和尚佳分享工作第一天的感悟，边聊边习惯性地在分栏的记事本上分别写下"成果"和"教训"。

"关于人，是我今天最大的收获。我已经初步建立起了职场的朋友圈了。第一个是关键圈，我认识了直接主管，还有主管的领导。第二个是伙伴圈，我认识了师兄和与他走得很近的3位小伙伴。我勇敢地要求中午和师兄一起吃饭，所以获得了近距离交流的机会。我还透露了自己路痴的糗事儿，他们立刻觉得我是个透明人，不藏着掖着，会非常好打交道。这一点是从亲爱的你这里学到的，谢谢你。第三个是支持圈，交叉面试我的人我也都发了信息。明天我会继续去认识我们OKR涉及的团队的伙伴了。"

"关于事儿，是既有经验又有教训。用纸笔认真记录师兄和领导的指导，接收到OKR立刻做有时间节点的分解行动，给他们留下了我认真、踏实、高效的印象。但我也犯了一个忌讳，就是越级沟通了，还被看到了的同事告诉了主管何川。幸亏我主动做了解释，避免了误会。所以，后续越级沟通要特别注意了。另外的教训就是自己和主管领导沟通时心慌了，所以没有讲出有价值的话。笨了！但是也没关系，我收到了他的一本书，为以后做沟通留下了钩子啦。"

成果：给自己点个赞	教训：后续优化提升
#人脉：创建职场朋友圈 #事件：不打无准备之战，获取尽量多的信息加持沟通效果 #执行：从沟通中领悟需要执行落地的事项 #印象：笔记本和笔，穿搭得体 #情绪：和大领导的沟通情绪不顺畅，决不能带它到下一个沟通场，做到情绪隔离	#跨级沟通：综合考虑领导、主管、伙伴看法 #沟通效果：欠下的印象分的债，后续用读书感想的分享方式补上

"你今天的复盘很到位，有行动，有反思，有未来计划，有心得体会，遇到没做好的不气馁而是找机会，妥妥的满分！给你奖励！"尚佳竖起大拇指。

"你看，我还给自己订了一个'三一计划'，计划的核心是'识人'和'知事'。"

第一周：三熟，熟悉同事，记住他们的名字；熟悉工作流程及工作要求；熟知制度，避免无端犯错。

第一月：熟悉企业文化，应知应会；总结自己在一个月里究竟学会了什么，综合评估这个工作环境值不值得继续待下去，作出理智选择。

第一百天：能够对业务有深入了解，进入有担当的角色，自己向具有不可替代性方向发展。

尚佳眼露爱意："我真是独具慧眼，看中了你这位宝藏男孩！"

"因为有你，所以我要变得更好！谢谢你！"小强回送赞誉。

03　魔鬼就在细节处

入睡前半小时，小强习惯性地查看明天的工作日历，发现新增了9：30的"晨会"邀约。打开早就准备好的"经线+纬线"自我介绍和特殊注意事项，小强再做一次预习，他明天在会议中会和更多人见面。

"经线"介绍，"姓名、籍贯、学习背景、特征"，能找到校友、找到老乡、找到同好。"纬线"介绍，推销我的"能力"，让同事知道我能够提供的价值。例如，曾经获得的奖励，需要互通信息或者交流的时候可以找我。介绍的加分项是我在加入公司之前对公司印象最深的是什么，说昨天报到后的感受，和大家实现共情。介绍公式是"我是谁+和你有什么关系+对你有什么用"。依照同样的逻辑编辑好文字介绍，明天被拉进工作群我就可以马上发出了。

想象着明天自己做介绍时精神抖擞的样子，默念着准备好的信息，小强进入梦乡。

职场中，靠谱者将技能与智慧视为加分项，同时从细节到态度避免怠慢与疏忽，呈现无懈可击的专业水平。

第二天上班，小强做的第一件事是发OKR给何川。

何川回复："靠谱，说到做到！我浏览了一下，问题比较大，你先和师兄沟通一下做个修改。"

像是被浇了一盆冷水，小强心情沉入谷底。但晨会时间到了，会议上亮相要紧，小强喝口咖啡让自己兴奋起来。

小强随着师兄一起进入会议室时，发现大家都站着，这有些出乎自己的意料。

"来来来，今天晨会先给大家介绍一位新来的小伙伴——小强。他是个说到做到的人，昨天到岗，今天一早就把自己的OKR发给我了，靠谱。名牌大学毕业，获得过很多奖项。来，小强，做个自我介绍吧！"何川引出第一个话题。

小强听何川说OKR如芒在背，强作镇定，但因为已经做好了充分的准备，所以没有慌张，娓娓道来。

说到学校、家乡、爱打篮球这些时，获得了校友、老乡、同好的欢迎；说到自己实习时有幸参加了《长安三万里》的项目，听到了"哇"声一片，有更多的伙伴搭话，约着要会后聊起来；以感谢昨天团队伙伴们的欢迎、后续在这个自己仰慕的公司会努力工作、请大家多关照做了结尾，收到了热烈的掌声。

自我介绍的"立形象、交朋友、有共情"的目标顺利完成。

而后，晨会高效进行，每人说了自己负责部分的工作进展，15分钟结束。

会议开得让小强一头雾水，他请教师兄："这个会有什么意义？都只是说干到哪儿了，有问题的地方没有给出解法呀！"

超哥说："你去看一下我在论坛中发布的关于开会的那篇文章，你就知道为什么会这样了。"

打开《成天开会，但都开明白了吗？》，细细读下来，小强明白了原委。晨会，就要开得迅速。晨会的目的是"查进度"，所以要求是"说结论，查里程碑达成情况；暴露问题；不讲过程和进展"。会上团队成员要聚焦，不能陷入细节讨论。

这样的会议不会浪费大家的宝贵时间。进展正常的成员会后马上接着推进工作；进展有问题的成员单独召集能够解决问题的成员进行专项会议。会议的类型特别多，各有各的功能。

小强恍然大悟，原来开会有这么多的门道。

他写下自己总结出的"参会两原则"：第一是专注原则。无手机和电脑，除非记录或者投影，参加会议要专注会议内容。除了有职级安排的会议之外都要争取坐在C位，强迫自己聚焦。这样的选择可能不那么舒适，但跳出舒适圈就是成长的机会。第二是机会原则。在自己能力所及的范畴之内抓住机会阐述观点，给出中肯的意见和建议。会议室里最有力度的一句话："这个事儿我来！"要让自己被看见。因此，参加会议即使没有被要求做准备，自己也要提前做功课，提前思考自己在会上可能贡献的点子，抓住可以体现能力、介入核心项目的时机。

整理完参会原则的小强，看到信息的红点提示，自己收到了三位同事的信息，内容几乎一致："哥们儿，找个时间聊聊《长安三万里》呗。"

小强的第一反应是将三位同事约到一起沟通，可以省时省事，但查看各位的职级及部门信息后，发现不能简单处理。

这三位的工号差异很大，说明进入公司的时间长短不一，想听到的内容应该会有差异；其中有两位还是上下级，约在一起会显得尴尬；三人的脾气性格如何、相互关系如何不知晓，万一有芥蒂会比较难堪。单独约的好处是可以更随意地聊天，像朋友一样。

做出决定，小强就快速一一确定好各自的沟通时间，在日历中发出邀约锁定时间段。而后，小强集中精力解决OKR的问题。这个事情是他目前日程中的紧急且重要事项，需要专门的时间与师兄进行深度沟通。

先编辑信息："超哥好！有问题请指教：今天发给了川哥OKR，但他表示不满意，让我请教师兄做修改。我还是太嫩了，没有领会到OKR的精髓，所以需要超哥来指导！"

给超哥发送OKR文件后，小强马上发送编辑好的信息给超哥。这个技巧是在实习期间学到的。曾经遇到先发送文件再编辑说明文字，因为中间间隔时间比较久，领导收到文件后发来"？"表示不解，让对话变得很尴尬。

魔鬼就在细节处。掌握工作的细节，就如同把握时间的节拍，可以加速职场的成长，减少前进路上的挫折。

自此之后，小强办事的方式以"先预演再执行"的方式进行。

沟通，要简洁明了，但绝不草率。

04　善用学习资源

"制定OKR的核心是'上下对齐、目标量化、限定时间'，所以你的O要承接川哥的O，且业务要有量化指标。明确完成进度，你有写到，这一点很好。"超哥简明扼要地给出了提示，还发来了内网学习贴《关于OKR的一切》的链接。

"善用学习资源！"这一句醍醐灌顶。

"超级感谢超哥指点！跪啦！"小强马上登录内网，根据OKR的指引调整自己的设定。再发给超哥确认，而后发给何川审定。

"不错，优化调整很到位！录入OKR系统吧！"

小强不忘加上给超哥的点赞："这都是在超哥的指导下完成的！谢谢川哥指定这么好的师兄指导，受益匪浅。"

在职场中，获得了肯定和取得了成绩，一定不要忘记将对你有帮助的同事的赞扬扩散出去。一是展示给你的领导，让他知道你不是一个爱抢功的人，重要的项目领导喜欢交给你这样的人办理；二是被你表扬过的人在你后续有需求时，一定会更加不遗余力地帮助你，良师益友的关系会让自己终身受益；三是你的口碑累积会是正向积极的。好的声誉会帮你吸引到越来越多的人成为朋友，为未来职场晋升带团队的顺利推进铺了路、搭了桥。

对他人的肯定和赞许，是加筑同盟的桥梁，减少了与人为敌的壁垒，构建起了职场发展的坦途。

05 抬轿子

把对同事的肯定让他的上级知道，这种做法被小强形象地称作"抬轿子"。

在实习期间的汇报会上小强当着合作伙伴和她上级领导的面，讲述自己制作汇报PPT时无法完成气泡图的制作，是李娜无私地用下班后的时间帮助自己解决了困难。李娜对此感激不尽，各位参会的领导也觉得小强有胸襟，有领导气度。

因此，小强获得了实习单位的强力推荐，进入理想的大厂工作。

"抬轿子"的行为会在职场中营造一种良性竞争的氛围。当大家都愿意相互支持和欣赏时，个人的竞争转变为团队间的协作，从而推动团队和组织朝着共同的目标前进。每个人都清楚，他们的贡献和成功会得到认可和尊重。这激励着他们继续努力工作，提高工作效率。

"抬轿子"的人不仅加强了同事对自己的好感，更是减少了逐利竞争的尖锐锋芒，使自己获得了向上攀登的坚实梯子。

职场不只是一个竞争的地方，更是相互支持和共同成长的社区。

06　处理负向信息的锦囊三件套

这一天下班后，小强和尚佳念叨着说自己今天有些不开心，因为第一次提交OKR被批评了。转述着当时的情景，小强如芒在背的感觉又回来了，面露不悦。

"我听了你的转述，我觉得你应该高兴。原因有三：一是川哥在会议上没有当着大家的面说你OKR搞得不好，而是表扬了你按时提交，他是一个特别牛的好领导，值得跟着干，因为他明白激励一个人要当着大家的面，而批评指点是在私下里说，这个人可真好，这领导技能发挥得妥妥的；二是你自己获得成长了，你没有任由坏情绪在会议中显露出来，是相当地棒呀，要大大点赞呢；三是自我介绍得到了那么多人的响应，你的朋友圈扩展得越来越宽，人脉就是财富！这么好的一天绝对值得欢呼！"尚佳伸出右手举高，示意小强来一个击掌。

"对哦，我应该开心哦！你怎么这么好？能够发现这么多积极的因素！"小强对尚佳表示由衷的钦佩。

"今天我的师姐专门给我讲积极心理学在工作中的应用了。她说，既然每天我们在职场中都是辛辛苦苦的，就应该在劳累中找到悦己的因素，开开心心工作才好！我深表认同，就马上应用起来！她讲的核心是如何正确对待批评，也就是应对负向信息的锦囊三件套，包括自我抽离、平衡思考、解释澄清。"

面对负向情绪，人们可以"自我沉浸"，也可以"自我抽离"。"自我沉浸"的人会把自己重新放到情景中，用当事人的视角重现事件发生的过程，容易陷入自责和萎靡；而"自我抽离"的人却能从旁观者的视角观察当时的自己，客观看待自己。

"自我抽离"不仅能缓解抑郁、焦虑和愤怒等负面情绪，而且能让人少犯错，更容易做出合理的推断。情绪掌控能力强的人在遇到负面情绪时，常常会用第三人称来称呼自己以转移关注点。他们也经常用这种对话方式鼓励自己，并且给自己提出更高的要求。

"自我抽离"是减去在情绪旋涡中的迷失，加上客观冷静的解析力。

"举个例子，假如有人攻击你说：'你这个方案完全没头脑，根本行不通！'在这种情况下，如果你采取'自我沉浸'的方式应对，会感到受伤，质疑自己的能力，甚至可能开始内化那些负面评论，觉得自己真的无能。这样的反应会加重你的情绪负担，影响你今后的判断和行为。"尚佳的例子让小强有了代入感。

"但如果你能够'自我抽离'，用第三人称来思考，比如对自己说：'小强遇到了挑战，那个人对他的方案提出了批评。小强现在需要冷静地分析批评的合理性，看看方案是否真的存在问题。如果有，该如何改进。'这种方式可以帮你保持情绪的平衡，不受消极影响。你可以更加理性地评估情况，从错误中学习，而不是被错误所定义。"

师姐说她现在能够成长为总监，就是"自我抽离"发挥了绝对的价值。拥有"自我抽离"的能力，你能够更加客观地看待问题，将注意力集中在如何提高和解决问题上，而不是纠结被批评的事实本身。你会发现自己可以更从容地处理批评，不仅能够接受有建设性的反馈，还能够忽略那些无助于自己成长的负面言论。

这样的情绪掌控技巧是非常有价值的，特别是在职场中。它能够帮助你打造专业形象，构建更强大的抗压能力，并且在各种挑战面前保持清晰的头脑。最终，这不仅仅是处理负面情绪的问题，更是如何将这些情绪转化为个人成长和职业发展动力的问题。

"听这一点就像是被按了心门一样！那'平衡思考'是指什么

呢？"小强像是遨游在职场技能的汪洋大海，沉浸在狂吸营养的喜悦中。

"平衡思考"是说要有长远眼光。懂得平衡思考的人会优先考虑自己的长远目标，做出最有效的决定。比如，你工作很忙，但领导又交代你一个新任务，你觉得很委屈。这时候不要立刻表现不满，而是冷静之后想到解决问题的策略，例如成立专项小组纳入新成员一起解决问题，这样和领导沟通就不至于当下火冒三丈地与领导争执。

因为你知道和领导发火只会对自己不利。这就是一种平衡思考。当你做不到平衡思考时，可以想一下如果是朋友遇到这种情况，你会怎么劝他。旁观者清。同样，在接受批评时不要立刻在批评你的人身上找问题。很多人一听到批评，会习惯性地反驳批评自己的人，说你凭啥批评我，你自己也不行。其实，你要想明白，大家都是就事论事。这个时候，你们讨论的重点不是谁的能力问题，而是你做错了这件事。即便对方也曾经犯过错，但你也不能翻旧账来反击他。

把握平衡之舵，减少偏离方向的行为，增加朝向成功的决策。

"解释澄清"是说不要委屈自己。在职场打拼，我们想收获的是回报和肯定，而不是委曲求全，所以不要放过进一步解释和澄清的机会。当你冷静下来，自己回头想想，在批评中，哪几个点让你有收获？哪些地方有误解和偏见？如果确实有误解和偏见，你可以在批评过去几天或者几个星期以后和批评你的人做讨论。注意是"讨论"而不是"争论"。比如，你可以说："我反思了一下，有三个方面是我特别需要改进的，还有两个地方是我觉得之前就做得比较好，需要继续坚持的。最后，你提到的一点让我还有些疑惑和担心。"这时候这样的表述，对方一方面会欣赏你，觉得你在接受批评后能分析和思考，另一方面你也可能会澄清一些误解。不打不相识，经过解释后，你可能会收获一个亲密战友。

用解释澄清之钥打开误会之锁。

"自我抽离、平衡思考、解释澄清可真是高屋建瓴！既能管住自己，又不让自己一味地受委屈被当作软柿子，还能够看得远看得透。你这位师姐可是神仙师姐。咱们都太幸运了，周围都是高手高高手！"小强不由得感慨万分。

"向高手看齐，假以时日，咱们也会是高手！"

你周围最优秀的人就是你最好的老师。

07 创造机会了解同事，挖掘出宝藏

周末过后，小强开始为期一周的新员工培训。

班级中的同学们来自各事业部。这个学习场既是体会公司价值观的场，也是结交志同道合者的场，还是凸显自己能力的场。

小强决定主动举手担当小组组长。在他的概念里，都是坐在会议室里消耗8个小时，担当组长的所得和做组员的所得一定会有差别。

让时间利用的效率最大化，日积月累，从同样起跑线出发的人，就会产生显著差异。自己一定是胜出的那一个。将时间的效用最大化，是完美的加分智慧，也是减少平庸的不二法门。

小强的小组有10位同学，他给团队起名叫"幼狮"，寓意潜力无穷，发音还是"优势"，向上争先的劲头十足。

所有小组接到的任务是用一个小时的时间到工区采访同事，请他们谈谈对公司价值观的理解。最后各组做呈现，相互投票，获得票数多的小组胜出并获得奖励。

"幼狮"组中有人流露出畏难情绪："我是I（Introversion，内向型特质）人，不擅长沟通，可咋办？"小强给出解法：两两结伴，E（Extraverted，外向型特质）人发问I人记录，这样大家各司所长，都发挥了价值。

又有人提出问题："如果遇到的是 I 人不愿意说话怎么办？"小强向同组爱发言的小晏寻求帮助，小晏的建议被采纳："我们提前准备好纸条，把问题写下来，不愿意口头表达的就留下纸条，半个小时后来取也能获得答案。"

还有人担忧上班期间贸然打扰大家是否合适。小强判断说："我们先不给自己设定不合适，先去沟通，可能会遇到正在忙碌的，那就略过找下一位同事咨询。"

小强知道，有疑惑和畏难情绪的小组成员还处在学生的惯性思维阶段。在学校"你出题，我回答，我的表现由你来评价"，有明确的考试规则；而在职场，是"你给目标，我找路径，我的表现由结果来评价"，它需要你不停地摸索。

职场不是考场，没有标准答案，一个人可以发挥各种想象，不断探索，从而找到最优解。

一个小时后，两两配对的 5 组同学返回，汇总有价值的精彩信息，每一组都说收获颇多，各自贡献着金句。

"借假修真。一切表面的荣誉、成就都是镜花水月，内心在修炼和雕刻后的富足，才是获得了真正的价值。"

"困难是拓展自己的台阶。"

"路上不是消灭对手，而是创造价值。"

"问题来了就面对，解决了它就好！"

"没有完美的个人，但是有完美的团队。"

"做最重要的事，因为我是最重要的人！"

……

每一句话的背后，都隐藏着一个真实的打拼故事。

小强被小组同学感染着，被每一个故事感染着，他知道今天结束后回家会有太多的话跟尚佳分享。

三人行必有我师。职场中，每一个人都是宝藏。

08　学习力，职场魔法棒

时光飞逝，"幼狮"组成绩突出，获得了在最后一天做分享的机会。

"大家给了一个命题，想听我们聊职场中最应该具备的学习力。因为这几天下来，大家的感知非常一致，有学习力的人成长最快，且不惧年龄威胁。"小强和尚佳讨论如何设计。

"那你可以回顾一下自己之前善于学习的经验。你还记得给我们学弟学妹做过的关于学习的分享吗？那个就非常有价值，有事例、有理论、有见解，而且那个是你在实习工作时做的分享，和职场也非常契合！"尚佳提醒。

回想自己的成长路径，"学习力超强"是小强给自己定义的标签，这也是自己能够在一众实习同学中脱颖而出的法宝。因为博得了实习公司的高度评价，小强被辅导员老师指定作为代表返回学校向新进入校园的学弟学妹分享高效学习经验。

"那我修订一下之后给你讲一遍，你帮我提些修改意见我就心里有底了！""我也给师姐看一下，她能够给出更加底层的信息提炼和指导！"两人击掌约定。

《我的HAT学习法》，小强在师姐指导下认真优化要分享的内容。"学习是什么、学什么、怎么学"被剖析得明明白白。

学习，是主动做了一些事情且给自己的认知或者行动带来了变化。
小强的分享从这个开门见山的开场白开始。

如果你在课堂上听了课，在会议上听了发言，在项目中看到同事怎么做，但知识和信息并没有结合到你的头脑中已有的知识系统中，那么这不叫学习，只能叫走过场。

学习到底是什么呢？是你在"听"或"看"到了信息之后，还需要通过"想"将之转化成为自己的认知，进而结构化到已有的知识架构中，最后要通过"用"发挥出价值，这才是学习。在你用的过程中，也是再一次开启了学习。

回想上一次课程或者会议，你参加的时候收获了什么。这些收获有没有被反刍过？反刍过的思维有没有让自己发生了行为或者思想上的变化？如果检查下来只有"听"，缺少了"想"和"用"两个步骤，那么就是缺少了学习中最核心的两个环节，你听/看过的，就如小河流水，哗啦啦从身边流过没有了然后。这，不是真正的学习。

举个我自己的例子。我最有收获的学习是之前读到的一本关于《金刚》制作的台前幕后的英文书，其中讲到调整工程师与艺术家的工作协作模式。在《长安三万里》项目中实习时，我想到这种模式有被复用的价值，将这个信息传递给项目组的老师，这种协作方式真的被借鉴了。这就是"看""想""用"贯通了。

所以在"听/看"的当下接收信息的时候，就有意让脑子"想"这个信息如何调"用"。建立了这样的习惯，你一定是一个有超强学习力的人。

学习不是一个点，而是一个A型（见图5-1），最终能够应用并取得了Achievement（成绩）才是学到了。

图5-1　A型学习

再讲一个通用模型的事例。讲座中小贾听说了PREP模型（Point结论，Reason事实/数据依据，Example事例，Point重申结论）。演讲者说这个模型能够帮助人们进行结构化表达，把话说明白，表达效率会非常高。

在"听/看"的那一刻，小贾觉得特别好：这正是我需要提高的地方。拍下PPT照片，以备后面查看。这件事情就被画上句号了，照片再也没有被打开过。学习终止在了"听"的阶段，是表象化学习。

同事小丁也在听讲座，她向前"想"了一步，这PREP模型可以运用到我推进工作的哪些场景呢？可以向领导汇报工作时用、可以给客户提案时用、可以和领导谈升职加薪时用……甚至在生活中向男朋友表达喜欢什么礼物时用……讲座结束，她想马上测试一下模型的效力，于是给男朋友发信息，表达周末想逛街的想法："这个周末咱们去逛街好吗？小伙伴红红说她看见我喜欢的品牌包正在跳水价出货，她买了一款。我拍照片发给你看，惊艳呢！而且男款也在打折。所以咱们周末去逛，好不好？"男友秒回："好啊，就这么定！"目标达成！这效率相较于撒娇式"我就是想要"、对比式"红红男朋友怎样了"、要挟式"你爱不爱我"效率可高多了。

在使用一次PREP模型后，小丁的脑海里留下了深刻的印记，遇到相关场景就会从头脑里提取出PREP模型使用。经过一段时间，她不仅可以熟练使用PREP，还能够变形为P（5秒时间）或者PRP（30秒时间），自然而然地讲话有重点有逻辑。3个月后，她总结发现，自己的提案通过率真的提升了。

学习要闭环，进行了效果检验，才是有效的学习。知识和能力之间，隔着有效学习这堵墙。

减少收藏、转发、点赞这些似乎是参与了、行动了、学习了的无效动作。

09　常胜将军，魅力型联结者

学什么才能在职场中成为常胜将军，才会不惧35岁焦虑，才会是领导眼中的不可替代者？答案是成为"魅力型联结者"，学习T型内容。

尼尔·欧文是《纽约时报》知名财经记者。在过往的记者生涯中，他接触过很多全球知名的公司，包括微软、高盛、通用电气、沃尔玛等，也拜访过很多中小型企业或创业公司。

在和这些公司的管理层见面时，他有两个问题一定要问：一是，如果一个人想在你的公司拥有一段成功的职业生涯，他需要做些什么；二是，我能见一见那些你认为在职场中取得成功的人吗？

由此，欧文获得了被老板肯定的成功员工的画像，他们都是"魅力型联结者"。

什么叫"魅力型联结者"？看看工作实例。《金刚》电影中那只巨大无比的黑猩猩，虽是特效制作，但极其逼真。每一条皮肤纹路、每一根毛发都清晰生动、栩栩如生。在不同的场景中，黑猩猩的毛发时而在微风中泛起波澜，时而闪耀着夕阳的光辉，时而沾满泥土、纠结凌乱，看起来与实景拍摄无异。

但在当时想呈现这样的效果并不容易。上百人的团队通力合作才能达到艺术上臻于完美的效果。这些人里有一部分是纯粹的艺术家，主要负责画出电影场景与视觉效果，有些人甚至还保留着手绘习惯；还有一部分人是纯粹的技术人员，也就是程序员，负责编写程序代码，把艺术创意转化为数字化的电影场景。

问题来了。这两部分人经常没有办法顺畅沟通。艺术家想要毛发迎风飞舞，想把毛发梳理成乱糟糟的样子，但是技术人员不知道怎么"梳理毛发"，也没法就编程中的难点跟艺术家们协商。这样双方就无法实现高效合作。

这个时候，剧组中极少的几个既懂艺术又懂技术的人就变成了宝贵的"中间人"，他们被称为"模型设计师"。欧文的一个采访对象雷维兰就是一个"模型设计师"。他说，虽然自己没有多少软件编程的实战经验，但是懂得怎么把一方的想法翻译成另一方能听懂的语言，并且把控完成的质量，这样就保证了团队中的多方合作能够进行下去。在他这个"魅力型联结者"的协助下，程序员们开发出了一个新程序，让艺术家直接用鼠标在电脑上自由操作，控制角色的毛发，梳理、摆放、修饰或者弄乱等都变得轻而易举，就像是艺术家手中拥有了魔法梳子，可以随意塑造出黑猩猩毛发的不同造型、飘舞方向及节奏，让虚拟形象的情绪能够通过艺术家的塑造而得到充分表达。

回到我们自己的工作场景，我们可以如《金刚》项目组的雷维兰一样，是"产品+艺术"联结者，成为"模型设计师"；可以是"数据+制片人"联结者，成为"高级制片人"；也可以是"销售+制片人"联结者，成为"商业化制片人"；还可以是"管理+产品"联结者，成为"敏捷教练"……

确定了联结者的定位，T型学习内容的确定也就顺理成章。T型中的竖是你立身之本的那个领域（见图5-2），T型中的横是你附加的第二领域的知识技能。

图5-2　T型学习

艺不压身。"魅力型联结者"的成功之处就在于一个人拥有了双支撑，在职场这个竞争激烈的钢丝绳上，T型成才的你能够拿捏平衡，胜任力和胜算力更高。当一个领域出现问题，你能够依靠另一个领域的能力实现华丽转身。例如，一位商业化制片人在自己负责的一档综艺项目中因为各种各样的原因无法落地，团队要解散时，她能够华丽转身为商业化团队内的中坚力量。因为在与客户对话中，她的复合能力让她能够与广告客户实现深度交流，帮助实现招商。

将一个竖线型的I能力发展为复合型的T能力，你就打开了既可以向上晋升又能够横向跳跃的职场双路径。

发掘自己的T，越快越好。

知晓了学习是什么和学什么，那么怎么学才是最优解呢？H型学习法，即"学习模型"和"向高手学"。

经典模型是被验证过的成熟理论，是对复杂现象的简化和抽象，可以帮助我们更快地理解和掌握新的知识。

例如，在学习成为"魅力型联结者"的路上，我们可以采用SWOT分析法来识别自己在不同领域的优势（S）、劣势（W）、机会（O）和威胁（T）。一位拥有工程背景的产品经理可能在技术领域具有优势，但在艺术设计方面则是劣势。通过这种模型，他可以明智地规划自己的学习路径，提升自己的综合能力。

不过，模型只是起点，真正的挑战在于如何将这些理论应用到实际工作中去，这就需要在开展工作中有意发挥思维模型的价值。

纸上得来终觉浅。与实践结合了的模型才是有效力的、有生命力的模型。

高手都善于运用模型，他们通过长期的实践，将这些模型内化为自己思考问题和解决问题的工具。

找到你身边的思维高手，和他一起探讨模型在工作和生活中的应用。

高手对模型的多方面开发运用会让你感觉开了天眼。

举个例子，负责招商的东部地区团队今年接到了新的任务，要求明年业绩指标提升30%。如何找到提升业绩的通路呢？

主管召集团队的八大金刚来贡献智慧。每个人各抒己见。

甲经理的思考模型是安索夫矩阵。他从产品和市场两个维度分析后认为明年有两条路可走：第一条是继续深耕华北市场，提高生产率，第二条是维持老客户基本盘并开发新产品。

乙经理的思考方法是"团队总业绩＝销售人数 × 平均业绩"，所以他提出明年再招10个新人。

丙经理的思考结果是"销售业绩＝线索数量 × 各级销售漏斗的转化率 × 平均客单价"。所以C经理的建议是增加线索投入，提升有效线索到邀约客户的转化率，然后进行产品升级、涨价。

丁经理的思考逻辑是"销售业绩＝销售人数 ×（250天 ÷ 平均成交周期）× 客单价。丁经理的建议是引入CM系统（客户关系管理系统），提高商机的识别效率，还有客户的管理效率，优化报价和合同审批流程，打通线上签约的途径，全面降低成交周期。

戊经理的思考模型是"销售业绩＝能力 × 意愿"。一方面要提升销售的提报能力，一方面要修改绩效激励的方案，提升销售的意愿。

己经理的思考模型是"业绩＝我公司总规模 ×（1-X公司市占率-Y公司市占率）。己经理认同乙经理招新人的建议，但是他建议的是直接定向挖猎X、Y两家公司的销售骨干，从而转化他们的客户。

庚经理的思考方向是"销售业绩＝续约＋转介绍＋拓新"。他的建议就是把当前的续约率从75%提升到85%，能节省大量的资源投入，然后再增加老客户的激励措施，把转介绍搞上去。

辛经理的思考逻辑是经典的营销4P（Product产品、Price价格、Place地点/渠道和Promotion促销）模型。他觉得产品要升级，要开拓公司层面的战略合作渠道，要再优化广告投放效率，整合一些大

V资源。

所以在不同的思考模型下会得出不同的方案。但是不管怎么样，一定要有结构模型。没有模型，胡乱琢磨，你的思考就是混沌一片，观点也就站不住脚。

要想在职场崭露头角，就需要强化模型思维，用经典模型或者改造之后的模型解决问题，用结构化信息发言，那么你的见解质量就更高，更有说服力。

反过来，要判断一个人的意见是否有价值，你可以在得到答案之后多问一句："这个很有意思。你是怎样想到的呢？"他的回答有框架、有条理，逻辑清晰，推演明确，你就认真参考。如果他说不清楚，他的意见你就不用太当真。

但模型的使用不是一朝一夕可以用得顺手的。使用了，才发挥功效。不然模型就只是躺在工具箱里的螺丝刀、锤子、剪子，自身无法发挥价值。要建起自己的工具箱、要从工具箱里取出工具使用、要在实践中练习到得心应手。

"学习模型"和"向高手学"就如梯子的两根坚实侧梁，结合使用串联起来构成了H。

H累加起来，就能够组成可以稳固借力、加速攀升的梯子（见图5-3），帮助你在职场中脱颖而出。

图5-3　H型学习

"集齐了 A、T、H 这三型，你就拥有了 HAT 的套系学习思维。HAT 还可以被解读为 Hardworking/Ambitious/Talented，即勤奋、抱负、才华。你努力奋斗、你有追求目标、你有技能价值，职场上你必定是那颗闪耀的星！我们戴上 HAT，一起努力吧！"小强的分享在同学们长久而热烈的掌声中结束。

精彩分享让大家对小强刮目相看。

众多的同事中，为什么你可以比同龄人领先？因为你被看见了。

10　职场上，弱就是原罪

培训结束返回团队的那天，小强第一时间被何川叫到工位："听说你在培训期间有个分享特别精彩，在下一次的团队会议上给咱们团队的同学做个分享。你的分享被 HR 同学大大夸赞了，还计划把你的分享纳入今后新员工培训入职课程的一部分呢。不错呀！"

小强满心欢喜，但回复何川冷静真诚："我的分享内容是得了高人的指点，并不是我自己就有那么高的水平。"

"还挺谦虚。知道与高人交往，借力实现目标，也是你的成果！"何川给予小强充分肯定。

团队培训也赢得了热烈掌声。

忙碌的时光如箭的感觉。

一个月过去，何川约小强作试用期内的第一次复盘："今天我们就聚焦说一个问题，如何拿到业务结果。我约每一位新同学作复盘的时候，都会事前问一下团队同学相互之间的评价，对于小强的评价，总结起来有三点，一是好学，二是情商高，三是业务能力待考察。前两点在日常的沟通中、会议中都有过交流和肯定，今天咱们就直入主题说业务结果。"

何川严肃的表情让小强心头一震，头脑中涌现了各种念头："是我哪里让川哥不开心了？还是有什么人和上次一样见到我越级沟通在川哥面前说我的不是了？或者是形势出现了什么变化需要我离开了？"

"来说一说最近咱们想搞的无中之人的AI虚拟人推进如何了？"何川问在小强OKR中居于O1的重点业务的推进情况。

"现阶段处于与硅基技术供应商合作的阶段，重点是将虚拟人的口型同步、动作驱动、视觉以及音频处理技术整合起来，以便构建实时流媒体传输功能。预期可以测试的时间是两周之后。"小强将进展信息做反馈。

小强和何川就业务做了1个多小时的交流，最后何川向小强解释为何要如此强调业绩："拿结果的紧迫性是因为如今我们公司的生存环境与之前显著不同了。"

"借用你在如何学习的分享中说到的，我们对照模型来看一下公司发展的不同阶段对于员工的要求会有何不同。"何川推心置腹做深度交流。

过去的一个好公司，就是一所好学校。那时可以用学校的模型来理解公司。在这套学校模型里，好员工的标准是什么？是只要肯学、肯吃苦、能进步，那你就是组织需要的好员工。

但是现在模型变了。因为外部压力太大，这个组织对标的不再是学校，而是军队了。我们周围的同事不再是同学，而是身处一个战壕里，随时准备上阵拼刺刀的兄弟。现在要的是与市场上的竞争者真枪真刀、你死我活的竞争。这个时候，假如一个同事依然好学，依然喜欢四处请教，你觉得他是个好战友吗？未必。要知道，在战场上关键不是你好不好学，而是你可不可靠，你的战友能不能放心把后背交给你，你是不是那个"因为信任所以简单"的战友。今年上半年，我和另一个团队的负责人聊天，他说了让我印象特别深刻的话。他说，过去你好学就是好同事，但现在要的是拿结果。过去你弱，可以慢慢教，慢慢让你成长。但现在，我们这是打仗呢，时局紧急，容不得再假以时日练习踢正步、培训上子弹、进行瞄准后再扣动扳机了。现在需要的是直接扛起枪就上战场拼杀的战士。

"所以，弱就是原罪。"何川的话振聋发聩，看向小强的眼神凌厉尖锐，"弱，你就会被淘汰！"

"这话听着虽然有点刺耳，但是仔细想想，当外部压力变大的时候，一个组织要想穿越周期，就是需要拿出打仗的劲头！"小强领悟能力超强，他知道未来需要将更多精力聚焦在提升业务能力上。

职场之战，业务能力为刀盾，精熟者生存。

"所以，先把自己从学生模式切换到战斗模式。一旦有了这个觉察，你后续的工作开展就有了瞄准的方向，在可能的组织变革中就能够寻得一席之地，后续职业生涯的发展会顺畅很多。"何川苦口婆心。

"懂了！"小强回答得干净利落。

11　做好当下，着眼未来

晚上回到家，照例和尚佳复盘一天的事儿："今天何川强调工作上要拿到结果，我特别理解他的要求。对于组织来说，每分钟都有成本的支出，那么相应地，对于员工来说，拿薪资就是要给组织贡献结果。所以，我相应的计划就是老老实实完成安排给我的工作。你觉得如何？"

"我觉得不如何！"尚佳的语气严厉中透着失望，"你觉得老老实实完成领导安排的工作就万事大吉了吗？你觉得学习就无用了吗？你觉得何川说的所有就是真理吗？"

小强被尚佳的一个个反问震到大脑一片空白，微张着嘴想说什么但又说不出任何话。

"我们是成年人，进入职场是我们目前选择的人生发展道路。领导安排的任务是需要按时且高质量完成，职场确实是战场而不是学校。但是，一个人的终身成长计划是无法依赖组织安排的。组织在某一个阶段需要的是目标达成，而个人却需要以生涯持续发展为目标实现进阶。所以，何川说的是针对今天的你，而不是未来的你。今天你是需要达到最基本的要求，以确保能够适配现在的岗位。但我们为自己做长远计划时，需要对自己有更高的要求。既要、也要、还要，才能够立于不败之地。设想一下，在互联网技术突飞猛进的现在，在业务板块今天还在明天说不定就不存在的时候，在业务线提倡降成本优化人员，需要在组织内部寻求转岗机会的时候，如果你只顾眼前的话，恐怕不容易找到新的机会。"尚佳止不住地情绪激动，洋洋洒洒说了很多。

小强不由得从心底里佩服："你点拨得太到位了。我因为何川的一番话束缚了自己，只看到眼前，没有兼顾到未来。我接下来会这样安排：本职工作高质量按时完成，也额外加码为长远规划做学习准备、人脉资源储备，为未来做魅力型联结者做储备！"

"是的，你分享给别人的那么有价值的学习经验和信息，自己先用起来、实践起来，等拿到了验证结果，你讲起来就会更有说服力，而不是转述别人的信息。"尚佳给出各种鼓励。

在职场，不要做提线木偶，要做有意识的自驱引擎。

想象你现在做事的样子就是未来十年后的自己，那会是你喜欢的样子吗？是，就认认真真践行现在的计划；不是，就需调整现在的行事风格，向理想的自己调整。

12 我的职场我做主

上了发条的小强一个一个地践行自己的计划。同时，职场感悟一条条累积，小强的职场随想列表增加得越来越长。

按时高质完成目标与关键成果法（OKR）中需要落地的工作项目，和团队同学一起完成虚拟人的第一版模型创建，并组织实施公司内用户内测，寻找差距，完善版本。

工作中的组织目标是第一要务，对齐领导的标准要求，且一定要拿到结果。

《启示录：打造用户喜爱的产品》成为小强做用户研究的指导书籍。阅读书籍过程中，实践中遇到问题，小强积极向师兄、何川、钱峰请教。他从刚开始担心请教问题会被看低，到请教后实践所学，到之后师兄们要探讨问题会叫上小强一起，小强用请教问题的方式顺利融入职场的高级圈。

给自己的工作圈子做抬升，让自己的职场触达圈突破同年龄段的限定。

除本职工作之外，小强主动研究业务方与产品技术团队沟通的痛点，提出研发新程序，让业务方能够直接使用程序软件优化虚拟人的姿态造型；与商业化志同道合团队伙伴利用额外时间，完成虚拟人的目标人群即年轻男性的细分需求调研。

给自己的工作制定加码的目标，让自己的能力向"魅力型联结者"的标准靠近。

职场也是竞赛场，同一件事情不同的人会产生不同的看法。小强被团队伙伴挑战："你推出让业务同学操作虚拟人模型的小程序，是砸自己人的饭碗。业务同学掌握了技能，还有产品成员的什么事儿呢？"面对冲突，小强不卑不亢："咱们团队能干的优化开拓的事儿无穷无尽，比如虚拟人怎样能够完成点歌演唱服务，怎样能够换头转化成用户自己的形象，怎样能更为人性化而不是脸谱化的刻板交流……有太多的高级问题给咱们挑战呢。咱们一起成立一个兴趣小组如何？""那可太好啦！"发出质疑的伙伴开心回应。

职场中不挑事儿，但也不怕事儿，还能了事儿，甚至是通过一些事情结交职场挚友。

　　小强给自己定下规矩，在参加的各种会议中，不接受"我没有想法"这种反应。所以他给自己定下规矩，凡是参加会都要发言。他发现，一个人只要专注用心了、只要略加探索了、只要逼迫自己了，就总会产生想法、拿出主意、给出意见。也许这一次自己的建议没有被采纳，甚至是被质疑诘问了，但总要比自己是透明空气人好出百倍。

　　不荒废每一次职场亮相的机会，着力打造影响力。

　　在每个工作日的事项安排中，小强提醒自己不在小事儿上消耗过多的时间。浏览工作群信息、习惯性反复打开邮箱检查邮件、长时间和同事聊八卦等，都是小强刻意严格管理的行为。沉浸在简单事情中是人的天性，非理性驱使人更愿意沉浸在小事儿中，以获取完成后的轻松欢愉。

　　随时提醒自己抵抗惰性，拒绝低效忙碌，坚持做有难度的事情。

　　观察职场中不如意的同事的行事风格，避免自己落入同样的陷阱。小强发现同事中抱怨多的人，大多是在以自己的方式努力工作着，然后认定领导会主动提拔自己。可是，一次、两次甚至三次，领导都把提拔的机会给了别人。这类人就会心生抱怨或者是向自己觉得信得过的同事吐槽："领导眼瞎啊，我这么努力地工作，你为什么不提拔我呢？"核心问题在于只是自己闷头做事儿，缺乏主动性，缺少过程沟通，领导怎么能够知道你扛了多少事且取得了怎样的成果呢。

　　确定自己的工作努力方向正确，需要和领导沟通；确保过程中不走偏，需要与领导沟通；是自己付出努力获得的成果，同样需要和领导沟通。持续与领导沟通，才能在职场这场棋局中脱颖而出。

　　职场中信息纷繁复杂，同一项任务会被不同团队做出完全相反的解读。虚拟人业务，被评估团队质疑："这个虚拟人的推出，唯一的收获是被嫌弃，姿势单一，语气单调，回答没有智慧，这种开发是为了获得同行的嘲笑吗？"小强注意到团队伙伴听闻这样的质疑脸色变了，马上要做出激烈的回应。他拍了拍伙伴的后背，自己先发言："感谢评估伙伴的质疑。你们的尖锐质问是帮助我们在找自己的缺点，我们好知道后面优化的发力点，也会思考推出时是否可以用一种自嘲的方式亮相。我们承认自己水平尚有不足。但是我们不能因为开始水平差就不去做。那样的话，这个未来有庞大市场前景的赛道就永远不会有我们的位置了。"

职场中，永远用积极的思维去应对存在的质疑甚至是诋毁，能解读为站位不同的就不要解释为他故意，能解释为愚蠢的就不要解释为恶意，能用偶然原因解释的就不要解释成哪里出了毛病……避免被情绪绑架了自己之后损失了正确处理事情的能力。

"小强是牛蛙！你把'我的职场我做主'诠释到极致了呀！我帮你建立起来自己的职场文化！"尚佳观察着成长路上狂奔的小强，增补着小强职场随想的条目。

绝不放过每一次的职场疼痛，谁痛苦谁解决。痛苦是最强有力的情绪，让痛苦引领我们去改变自己。

这是尚佳在小强完成"30天攻克Excel表格的深度使用技能"时写下的。那是被同事嘲笑不会使用Excel透视功能的情况下，小强发愿要彻底解决痛点时定下的小目标。看夜猫子每天挣扎着坚持6：30起床跟视频课程学一个小时，尚佳心疼。在加班到很晚的情况下，尚佳试探地商量说："明早就放过自己一次吧！"小强不肯："现在的痛苦不解决，累积起来就是癌症。我不能让自己在相同的地方重复相同的痛苦。"

给自己营造多个评价体系，不因领导的一次批评就贬低自己。遇到批评时，回忆自己的胜利时刻。

这是小强团队虚拟人项目做直播测试被群嘲后，领导失望地将所有人狠狠批评了一顿，让人感觉一无是处时，尚佳给小强补充进来了随想。翻出小强厚厚的获奖证书，尚佳把小强的手放在红通通的磨砂质感的证书上，用坚定的语气说："你的成绩和能力，不会被一次批评抹平！"

不害怕失败，害怕的应该是错过了学习和成长的机会。人生旅途就是不断在试错，而不是在犯错。

一切都准备好再开始干，就迟了。

一定一定一定要工具化所有新技术，而不是最后被工具淘汰了。

……

小强的职场随想累积着，容量越来越大，被尚佳笑称为"小强职场黑话集"。

这些话，拿给别人看不一定能够立刻获得共情，也不一定马上产生价值共鸣。外人没有相似的经历，甚至可能无法理解这些话。

但是，这些"黑话"对于小强来说意义重大。

小强懂得，个人的成长是时时刻刻需要内省的过程。这些"黑话"就是他与自己对话的方式，是他在复杂职场中保持本真的方法。每当挑战来临，他都会翻阅这些记录，从中得到启发，鼓励自己继续前行。

"黑话"记录了小强从毕业生到职场人一年间的深刻转变，奠定了小强在职场持续打拼中亮相的发展基调，承载了小强活出理想中自己的价值信念。

有这样的"黑话"集支撑，职场中可以不惧被批评否定、可以不害怕一时的挫折失败、可以在艰难处境中遇水架桥逢山开路。

"职场黑话"，是小强的职场哲学，成就了独特的小强。

你的"职场黑话"：＿＿＿＿＿＿＿＿＿＿＿＿

＿＿＿＿＿＿＿＿＿＿＿＿＿＿＿＿＿＿＿＿＿＿＿＿＿＿＿＿

＿＿＿＿＿＿＿＿＿＿＿＿＿＿＿＿＿＿＿＿＿＿＿＿＿＿＿＿

＿＿＿＿＿＿＿＿＿＿＿＿＿＿＿＿＿＿＿＿＿＿＿＿＿＿＿＿

小强从晋升获得通过的沟通会上出来，内心充满着喜悦，坐回到自己的工位上，第一件事情是拍了自己新更换了颜色的工牌照片分享给尚佳。

浅灰色卡座，被替换成淡黄色卡座，意味着小强"一年醇"的职场酿造适应期圆满通过。

"新征程开启！感恩过往，有你的陪伴和支持才有今天的收获和成果。"小强随着文字发出感恩的表情符号。

"晋升啦！恭喜我家强强进入高段位职场旅程！优秀如你！"随着文字信息过来的，是尚佳持续使用的那一款不断发射出红心的表情符号。

小强笑着微微仰起头，脑海中有另一座山峰出现了。

继续攀爬，继续看沿路的风景。

第六章

CHAPTER 6

朋友

我和我们

　　"我是谁"，除了可以被家庭和职场的关系注解之外，没有血缘的朋友关系更能够丰富地呈现、塑造和体现"我"。

　　"家庭没有选择性，出生在谁家就是谁家；职场有选择性，但会有行业的局限；唯有结交朋友可以跨越地域、跨越年龄、跨越性别、跨越阶层……我们每时每刻都有可能遇见新朋友，遇到新惊喜，开拓新视野。所以，朋友才是让人生丰富多彩的关键。"秦淮和小齐在说这一番话时，黑框眼镜后面的双眸闪闪发光，同样发光的还有他锃亮的光头。

　　小齐听得带劲儿，双手握拳托住下巴，脑袋不停轻点，一头浓密的中分长发有弹性地跟着律动。

　　今天，小齐约了秦哥一个长长的时间段，说好了听听各自的故事。

　　小齐是那个善于关照别人的人。他认真地听，认真地观察，认真地响应。他自己心里有各种各样的小规则，例如要注意别人喝水时水杯倾斜的角度，发现有人喝水时水杯角度与水平线角度小于30度了，就起身帮助续上水。

　　小齐起身给喝了几大口水的秦淮满上杯子："那秦哥选朋友的标准是什么呢？"

　　"你说的是什么标准？是建立朋友圈的标准，还是选单个朋友的标准？这两个不一样。朋友圈的构建是强弱两种联系的铺陈（见图6-1），单个朋友的标准是相互帮助。这么说比较概念化，以层层剥洋葱的方式推进，到最后都会明白的。"秦淮的较真，体现在要将所有问题的界限明晰清楚。

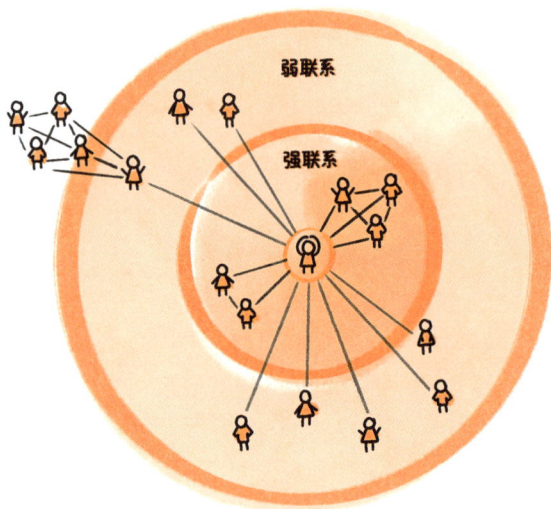

图6-1　黄金朋友圈＝弱联系＋强联系

"我怎么就没有能力像秦哥这样细致地想问题呢？"小齐表达着对秦淮的仰慕，"那就请秦哥两个都分析一番吧！"

"每个人的一生都会被几个人深深地影响。那个人可能就是你发展路途中转角遇到的一个人，他没有长翅膀，但他确实是你的天使。你一定要有慧眼能够认出他，并且你要有勇气让他守护你。我们从一个故事开始吧。"讲故事是秦哥最擅长的表达方式。

01　人生路上，认出没长翅膀的天使

多年前，广州顶级媒体的总编辑将全国都市报的新年特刊都找到一起，比较谁做得最好。其中，某都市报的版面看起来非常出众，明显是花了很多心思的。

总编辑打电话给这个新年特刊的负责编辑，问："你这个特刊做

得很好。你是怎么做到的？"特刊编辑分享了所有创意、执行、落地及如何做日常积累等工作体会。讲完之后总编辑说："你的能力真的很强！有没有可能到广州加入我们报社呢？"

第二天上午，总编辑到报社上班，发现办公室里坐的一男一女就是昨天电话里沟通过的编辑和他同在该报社工作的女朋友。

听了电话里的一句话，两人就辞职，和家人说认识了广州的牛人朋友，连夜赶到广州见总编辑。总编辑本就欣赏特刊编辑的能力，也被两人这种强烈的发展愿望震惊，于是立刻安排人事部门做沟通走流程。自此，两人成为全国顶级媒体的员工。

"这个故事是什么时候的事儿？现在还有人看报纸吗？"小齐听完故事嘟囔着表示疑惑。

"讲这个听起来比较旧的事儿，是因为它能够说明，无论是以前还是现在，都存在一种关系。这种关系可能是出其不意被你碰上的，也有可能是你起心动念主动去寻找的，还有可能是双向奔赴的。无论哪一种情况，这种关系都是能开拓你视野的关系，是激发创造力和灵感的关系，是潜在的改变你命运的关系。这种关系叫作弱联系。无论是现在、几年前还是十几年前，弱联系都是一个人突破自我的强助手。和弱联系相对应的是强联系，例如父母、亲戚、亲密朋友、长期合作伙伴等。这些强联系圈子的人往往理念趋同，信息一致，观点统一，因此，难以提供突破你旧有关系圈子的惊喜机会。你回想一下，咱们相互认识，是不是也是弱联系的结果？"秦淮的提示将小齐的思绪拉到从前。

"是的，咱们是在一次分享会上认识的。秦哥分享《以终为始》的人生之道。那场分享会是真的火爆，也真的点醒了我，要换一种思路生活，是我发展的拐点。那个时候，我正在为下一步如何发展而苦恼，听过分享感觉如获至宝，然后就和您持续沟通上了。"小齐回想着当时参加活动的热烈氛围。

"弱联系帮我们开拓视野，激发灵感。我是传媒人，小齐你是培训 HR，我们之间相互沟通就能够想到用创意综艺节目游戏的方式完成有特色的入职培训。咱俩沟通，你能够放下心理包袱，告诉我在职场中遇到的各种烦恼，然后我们用头脑风暴的方式激发出好的主意和办法。我用陪伴的方式帮助你获得晋升机会。这就是弱联系。弱联系让双方没有那么多复杂的负担，沟通起来高效畅快。这不是咱们之间的特例，是有心理学和社会学研究基础的。"秦淮调用学过的科学原理做注解。

最先提出社会网络强弱联系理念的是美国社会学家马克·格兰诺维特（Mark Granovetter）。他观察到在日常生活中，人们通常会有两种类型的社会联系：有频繁地亲密互动的强联系，比如家人、亲戚、要好的朋友；也有间接的泛泛之交的弱联系，比如朋友的朋友。

格兰诺维特对波士顿地区的雇员进行了问卷调查，问他们是如何找到现在的工作的。结果发现，通过强联系获取的信息往往非常重复。反观弱联系，才能提供无法从亲朋好友那里得到的想法和机会。招聘类型的信息在弱联系中更能被获取到。

强联系赋予我们稳定之锚，而弱联系则为我们的成长添上变革之翼，突破前行的视野限制。

1973 年，他发表了影响深远的论文《弱联系的力量》（The Strength of Weak Ties）。在这篇论文中，"弱联系"（weak ties）理论被提出。他指出社会网络中那些不经常互动的人之间的"弱联系"在传播信息、创造机会方面扮演着重要角色，甚至比经常互动的"强联系"更为重要。

"那是太古早的事情了。20 世纪 70 年代的时候，人际传播更多还是靠人和人面对面沟通。现在，需要从这些弱联系中获得的信息，靠互联网就可以实现了。我需要一个维修工，到 App 上看点评下单就好了；我需要找工作，去求职网站也能够解决。"自己标签为内向I人的小齐这次难得地直接提出了不同意见。

小齐是生存在网络上的人，99%的事情通过网络搞定。

"现在，占据主流的想法更多的是'我不麻烦你，你也别麻烦我'。就连恋爱关系的确立都显得奢侈。没有这些关系也罢。"不等秦淮回应，小齐又强调了年轻人内心最真实的想法。

"那你生活在一个太小的圈子中，也太小看弱联系对世界的影响了。我们整个世界的运行，在很大程度上，特别是在商业发展上，是靠弱联系在推进的！"秦淮提示小齐。

关于弱联系，在格兰诺维特之后还有很多更大规模更完善的研究。

2022年，麻省理工学院发布了持续5年对2000万用户做的调研结果[1]，再次印证了弱联系确实比强联系提供了更多有价值的就业信息。除此之外，弱联系对"硅谷"这类的科技中心有着巨大影响。真正推动"硅谷"建立的不是计算机工程师，而是热衷于社交的风险投资人。他们把好的想法一传十、十传百、百传千……继而最终"搭建"起来一个科技中心，后续发展成重要的推动世界科技向前发展的圣地。国家或组织通过弱联系建立推动经济发展的网络，个人通过弱联系获取体现自我价值的机会。

"听起来高大上！可这似乎离我很远。'硅谷'这样的组织对我来说是高高在上的存在，与我无关！"小齐似乎铁了心地维护着他的认知价值。

"分享给你我的真实故事吧。有一天，我接到了一个电话，问我想不想到北京？那时制播是分离的，就是电视台的节目内容可以由社会传媒公司制作，电视台负责审片播出就好了，所以大批传媒公

---

[1] 该项研究发表于《科学》杂志，题目为 A Causal Test of the Strength of Weak Ties。

司成立。我毅然决然答应说去，没有问工资多少、待遇怎么样、机会靠谱不靠谱，冲着这个机会就启程来北京了。给我打电话的是一位北漂了半年的朋友。我们之前没有特别深地打过交道。他联系我是因为他的朋友说我后期制作很靠谱，一定会有竞争力。从那个时候起，我知道了真正能够改变一个人命运的，未见得是你的父母兄弟或者亲密伙伴，而是那个越过了几层关系你平常想都没有想过的人。"秦淮将自己来北京发展的秘密透露给了小齐。

很多人对泛泛之交不屑一顾，但它却恰恰是你的小宇宙和新天地之间的桥梁。

02　弱联系，神奇地改变了一个人的命运

"如果我的故事还不足以让你走出标签化的思维，如果你就想一辈子维持静一静的活法，且是短命的活法，可以！如果你内心还渴望享受和人面对面有温度的交流，渴望活得健康长久，那么就需要小小调整一下自己的活法。"秦淮不想把自己获得的有关社交基本规律和背后的科学原理硬塞给伙伴。

"短命？秦哥你是什么意思？"小齐张大眼睛盯着秦淮追问。

美国杨百翰大学心理学家霍尔特·伦斯塔德（Julianne Holt-Lunstad）发表的研究论文表明，交朋友不仅对我们的生活有意义，还能让我们的寿命更长。伦斯塔德团队的调研总人数超过30万，被调研的人遍布世界各地，且年龄跨度从18岁到100岁。研究人员跟踪记录了这些人的各项数据，包括朋友数量、社交网络规模、社交活跃度等，平均追踪时长达7.5年。最后发现，社交的质量对人的寿命有重大影响。也就是说，社交关系好的人活得久的可能性更大。

秦淮讲出了这个有大量数据佐证的依据。

"还有，说个现实的例子。你是在网络上认识我的，但是我给你

提供的帮助是内推岗位的介绍，而不是转发给你招聘网站上的职位。我这个弱联系的价值，就是让你的简历直接跨越了招聘HR千里挑一甚至是万里挑一的简历筛选过程，直接进入了HR主管约面试做考察的阶段。你比没有这种弱联系的人抢跑完成了第一个100米。"秦淮的分析让小齐恍然大悟，点头不已。

"原来是这样的。弱联系不仅和寿命有关，还和获得机会的概率有关，那以后真的要注意多结交朋友了。可是，我们这些被社交焦虑困扰的人可怎么办呢？有什么好方式帮助我们轻松交到新朋友呢？"小齐认真地盯着秦淮问。

"请求他人帮忙是建立关系的敲门砖。"

小齐几乎要惊掉下巴："求人帮忙？你一开始就麻烦了人家，还想不想让人家成为你的人脉？人家肯定唯恐避之不及呢！"

"情况相反。年轻人想要结交到有价值的朋友，就是去和更有经验的人、能力更强的人结交。如果你能够提出一个非常有价值的问题，让帮助你的人付出一定的时间和精力回答了你的问题，那么，你们在后续保持进一步交往的可能性就会大大加强。尤其是当你先给出一定的见解再提出有价值的问题时，成功率就会翻倍。"秦淮接下来举例说明。

一个刚毕业的学生正在找工作。她的目标非常明确，就是进入一家提供知识服务的平台，因为她喜欢这种不但自己有机会终身学习同时还能够促进他人共同成长的组织。虽然她自己的专业是表演，距离目标岗位"用户运营"的距离很远，但这挡不住她仔细研究各知识付费平台的App并写成了厚厚的一本使用分析笔记，挡不住她去参加各种知识付费平台组织的有大佬参加的活动，会议结束了就上前咨询问题。

她问问题的方式，是先用一个有趣的关键词快速表述对各App平台用户界面的认知，例如A平台是"知识胶囊"、B平台是"夜间甜点"、C平台是"朋友聚餐"等，然后请教该平台做这样设计的背后逻辑。

每一次勇敢的求助都可能成为通往新世界的敲门砖，帮助我们在人生的道路上走得更远。

就是这样的关键词定位，让所有她请教过的知识服务平台的负责人都对她刮目相看，于是加为好友，后续她再将自己的分析笔记发给对方，明明白白展现了自己的数据分析能力和对用户运营的热爱。

最后，多个App平台欢迎她加入，她反而需要考虑挑选哪家知识付费平台入职对自己的发展更为有利。

在入职一家公司之后，她依然保持请教圈内大佬问题的习惯，同时分享自己的所思所想，后来成为该行业圈子里的核心人物之一，升职加薪相较同龄人如同坐上了火箭。

行为经济学中有一个现象叫作"损失厌恶"。例如，一个人获得一百元给他带来的快乐，和这个人丢了一百元给他带来的痛苦相比是不对等的，永远是这个痛苦比那个快乐重得多。所以，人在本能上更想要规避风险。同理，一个人给予了另一个人帮助和指导，他会更倾向于继续维系这个指导关系，因为不想让自己的投入打水漂。

所以，请人帮忙可以是维系关系的敲门砖。

03　建立人脉，最有效的方式就是请人帮忙

请人帮忙，同样可以被用在职场、商界和政界。

富兰克林当选州议会秘书之后，有一位势力很大的议员一直反对他。富兰克林知道这位议员有一本很珍贵的书，就给议员写了封信，说想借这本书看几天。结果没两天书就寄来了。还书的时候，富兰克林写了一张纸条表示感谢。等他们再见面的时候，那位议员竟然主动和富兰克林打了招呼，后来还帮了富兰克林很多忙。富兰

克林既没送礼，也没说好话，只是主动请议员帮了一个忙，两个人的关系就变好了。这是因为很多人都"好为人师"，请别人帮忙本身就是一种恭维。

"不过，在请求帮忙时有一个特别需要注意的点。没有遵循这个点必定会是一次失败的求助。"

请人帮忙，要从对方的"举手之劳"开始，降低帮忙的门槛，增加求助的成功率。

"富兰克林借书，议员只要把书包好寄出来就可以了。想加入知识付费平台的那位同学是自己深入研究了平台属性后去求证，对方据此给出指点就可以，不需要从零开始讲解一个系统的大问题。想得到某位高人提携，别上来就期待他帮你登上人生巅峰，那他肯定帮不了你。如果让他推荐一本对他影响最大的书，你读过了，再向他请教书里的问题，这样你才会有登上人生巅峰的可能。"秦淮担心空洞的理论无法让小齐领会，就举例子来说明。

请人帮忙，要找到对的人帮愿意帮的忙。

如果他是个对平行宇宙感兴趣的科幻迷，你就问他一个平行宇宙的问题。如果他是热衷于健身的运动爱好者，你就要问他如何能够练出八块腹肌。如果她是一位穿衣很有品位的女性，你就要问她怎么能穿出她那样的英伦学院风。

很多人日子过得好，是因为他们通过一连串的机会认识到了一些弱连接的关键人物。

请人帮忙，记得给予对方适当回报。

"这种回报可以五花八门。例如，我了解到曾经给我提供过帮助的专家正在头痛他的知识产品运营的问题，而我有朋友是行家里手，我就帮他们做对接。她的孩子是动漫卡片的爱好者，心心念念地想集到在阿姆斯特丹博物馆发售的小卡，我就找留学生朋友帮忙买到。"

请人帮忙不是单纯的请求，而是一种艺术，一种平衡给予与接受的艺术。社交是社会交换，是互惠的交往。

　　"知道弱联系能够带来的好处和切入点了！不过对于我来说，知道了这个道理还是有可能交不到朋友，就像'知道了道理还是过不好这一生'一样，我还是会惶恐和人去说话。请给我这个 I 人指路！"小齐吐了吐舌头，紧接着立正做了一个敬礼手势，表达他的迫切需求。

　　"你是不是在交朋友之前会在心里上演无数戏码？比如，这个人如果不理我，那该有多尴尬；我发出信息了但是收不到回复，是不是会悲伤逆流成河；发言前，社恐就像一只如影随形的幽灵，时刻在脑海里提示着：这个时候说合适吗？要大声说还是小一点声音说？我说的话有价值吗？这些内心活动有没有？有没有？"秦淮举起双手舞动着，摇晃脑袋呈现抓狂状。

　　"太形象啦，就是这样的！"小齐急忙附和，"秦哥的形容太真切了！你怎么知道是这样的？我以为只有我会这样呢！"

　　"哈哈哈，因为我以前也是这样！我来和你说说我是掌握了什么关键节点从此转变了。那就是积累自己的故事包。"秦淮的同理心被激发了。

　　"大部分的人际交流都只是轻信息的搬运工，比如趣事、段子、八卦……只要你能在适当的时候收集、归纳并提炼这些轻信息，你就掌握了弱联系交流的核心。例如，参加一个非常冷场的聚会，你讲个故事——分享，然后发问：'你听说了吗？'——互动，之后的气氛就会一下子活跃起来——共建。分享、互动、共建，搞定一切交流。"

　　"所以在脑子里储存个故事包，需要分享时就掏出来一个分享。你的故事要轻便，就像是工厂里已经打包好的随时可以放到传输带上。我们看到许多人在镜头前侃侃而谈、爆料不断，因为他们都有自己的故事包。这些故事就是经过反复修改的、讲起来像自动播放一样的轻信息。"

"你的故事包，可以装着和天气有关的冷热干湿故事，和地域有关的美食温情故事，在旅行中不期而遇的风土人情故事。因为天气、美食、旅行几乎是每个人都可以参与进来的话题。"

"此外，准备一些个人故事也是必需的。当别人问你最近过得怎么样，一个简洁没有磕巴的回答会加深你在他们心中的印象。一道面试题的套路让我记忆犹新。题中说所有与能力相关的面试问题，都可以用三种类型的故事来回答：一个成功故事，一个失败故事和一个领导力故事。我觉得这个标准也适合用在建立弱联系的场景。后来我尝试应用，发现还真是这样。小齐也可以做这样的准备。"

"除了你分享的信息，建立弱联系的另一种方式是你的个人吸引力。《亲密关系》书中提到了几个建立吸引力的重要因素，全都是科学验证过的：临近性，我们喜欢身边的人；重复性，我们喜欢重复接触到的人；互惠性，我们喜欢那些喜欢我们的人；相似性，我们喜欢那些和我们相似的人；得到性，我们喜欢得不到的人。所以多冒泡，多找共同点，喜欢别人，保持微笑，做一个正能量的人，对大部分弱联系来说就足够了。你真的不需要做出技惊四座的事来证明你的价值。"秦淮担心太多的要求成为小齐的负担，安慰他道。

"太好了，这么轻巧的方式我也能掌握。忽然觉得我这个I人没有社交负担了。"小齐如获锦囊一般。"不过我还是想找到效率更高的联结方式，因为在大家都极其忙碌的当下，实在不想浪费时间和精力在低效率的社交上。"

小齐心虚地抓挠着自己头发："我是不是有些急功近利？"

"不不不，你的这个想法很现实。"秦淮竖起大拇指对小齐的要求表示认可。"我们来看一看深层的认知。"

04 找到高"中介中心性"的人

"既然弱联系是人际网络的应用，那它就会受到一些传播学规律和网络生活规则的影响。想要当弱联系世界里的海王，就需要学一下这里面的门道。请帮我找一张纸和一支笔。"

小齐急忙递上。

"画网络图之前，咱们先来图解两个概念（见图6-2）：一个叫作'度中心性'，在社交网络中一个人的度中心性指的是这个人和其他人直接联系的总和，也就是他的朋友数量；另一个叫作'中介中心性'，是衡量一个人在所有人之间最短路径上出现的频率的指标。一个拥有高中介中心性的个体通常在网络中占据了一个重要的战略位置，因为他控制着信息流动的关键路径，可以对网络中信息的传播和各节点间的联系产生显著影响。"

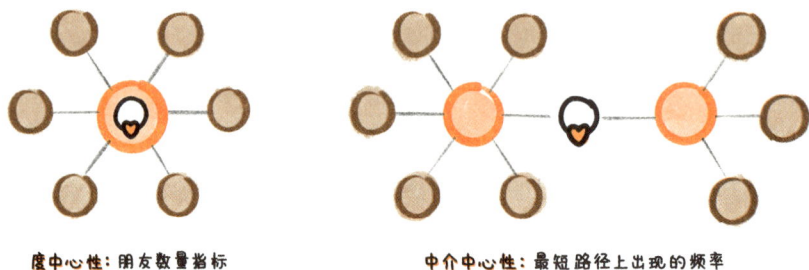

度中心性：朋友数量指标　　　　中介中心性：最短路径上出现的频率

图6-2　度中心性和中介中心性

"度中心性、中介中心性，这两个概念听起来拗口。如果不是秦哥写在了纸上，我绝对记不住。"小齐疑惑地说，"这样文绉绉的概念有啥用呢？"

"真实的社交网络超级混乱且处于变化中。就像这张分布式网络图（见图6-3）显示的一样，弱联系规模大且庞杂，效率低下。我们有没有可能掌控弱联系，从看似无序中找到一些规律，让做事效率高起来呢？是可以的。这时候'度中心性'和'中介中心性'这两个概念就要发挥作用了。"秦淮边画边解释。

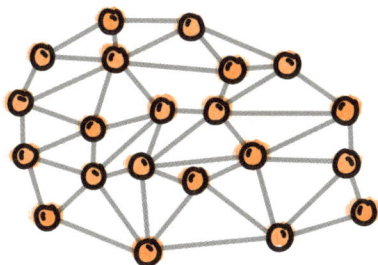

分布式网络

图6-3 人际关系的分布式网络图

"再看这张图，有人是以这样的方式存在于社交网络中的，我们暂把这个人叫小H。从图上看，小H的"度中心性"很低，但是他的"中介中心性"却很高。在社交网络中，高"中介中心性"的人常常扮演着桥梁或者中介的角色。哈哈哈，你是不是听起来更绕了？简单说吧，就是网络学揭示了一个建立海量弱联系的捷径，那就是多结识枢纽型的人，比如群主、活动组织者、猎头、社交达人、记者等。他们是某个社群的关键影响人物（见图6-4），找到他，你就能够找到'一片一片'的人。"

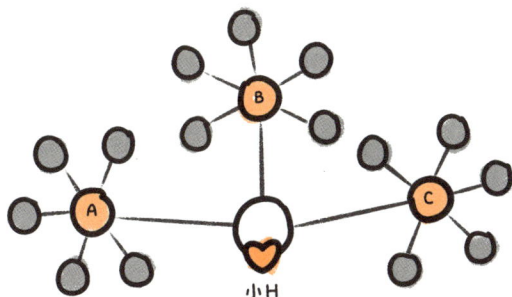

图6-4 人际关系中的关键影响人物

"明白了。找关键节点上的那个关键人物是高效率的关键。"小齐恍然大悟,"秦哥能举个例子吗? 你怎么找到一个人呢? "

"就从最近我结识数字游民这件事儿说起吧。我的目的性非常强,就是想了解数字游民是怎样生活的。因为我非常羡慕他们的生活,自由行走还能够养活自己。我先在网络上输入关键字搜索,跳出来若干的信息。这个时候是考验自己专注力的时刻。我只浏览低门槛活动就能够赚钱的信息,所以什么'设计师接单赚取美金''程序员晒着太阳面朝大海''编剧轻松码着文字'等就果断避开,不让自己被海量信息带偏。最后我发现了一位做过20+种副业、对金钱极其有欲望、靠副业买了房子的女生,她从大学开始就自己养自己,是行走的赚钱机器。她的赚钱信念是'轻量化、不投资、只分享'。这可太符我目前的想法了。她是节点人物,公益活动圈、薅羊毛圈、进货圈、教练圈等有很多信息。于是,我私信联系她。她刷新了我对金钱的看法,让我了解到数字游民的真相,并且帮我介绍了教练圈的人。这就是通过弱联系获取到的超有料的价值。"秦淮眼里的兴奋溢于言表。

"她怎么愿意和秦哥交流呢? 我想象不出来如果我私信联系她,怎样做才能够收到她的回复? "小齐刨根问底的能力发挥到极致。

"窍门是你要回馈对方有价值的信息。最简单的,看过她的信息后,认真作提炼汇总加上自己的收获,降低姿态求教,基本上就会收到反馈。因为你给她提供能力背书、满足她的价值感需求、是她的持续关注用户,所以会收到回复的。线上沟通的核心诀窍就是'认真对待、真诚发问、潜在用户'。"秦淮滔滔不绝但节奏分明,"线下结识弱联系朋友是另一种方法,核心是'积极分享、真诚互动、交互共建'。"

成功的社交不仅仅是互加微信,更是持续增加真诚的交流,减少浅尝辄止的问候。

"线下活动,参加各类讲座、研讨会、兴趣小组是最好的选择。

这些场合往往汇集了各行各业的精英和有独特见解的人。无论是线上还是线下，找寻关键人物并与其建立联系，核心都是要展现诚意、尊重对方的价值，并能够提供或交换有价值的信息。"秦淮耐心解析。

"秦哥这一套下来，我以后不愁没有朋友了。我遇到情绪问题的时候能够找到安放的地方了。"

"停停停！"秦淮放下笔，双手食指交叉打出一个叉号："现在需要赶紧提醒小齐，弱联系帮不上你想安放情绪的忙，搞不好还会消耗你的心力。"

05　强联系，帮我们安放情绪

"What？"小齐瞪大眼睛，刚才如获至宝的兴奋被一扫而光，沮丧地说："刚觉得有了法宝，马上又被收了神通的感觉。"

"别急别急。分析清楚全貌，你处理朋友关系就会游刃有余了。"秦淮拍拍小齐的肩膀，不慌不忙——道来："先说一个我吃过亏的事儿吧。从我的故事包里再掏出一个故事来分享给你。"

"弱联系更多的是泛泛之交，很肤浅，且一般情况下有很强的目的性，而且数量庞大，不易受个人的控制。我自己犯过最大的错误就是希望从弱联系中寻求到自我价值。"

"大学刚入学时，我努力地去讨好每一个人"。

"我想竞选学生会的一个职位，但当时在职的一个委员不太喜欢我，搞得我每晚都在思考哪里犯了错，整整内耗了一年。"

"我犯的错误就是怀疑自己，自我贬损。因为我想通过弱联系安放自己的价值感，我把自己的情绪放错了地方。"

"这个时候我们的'市场营销'课程解救了我。我开始了解到人际交往中的一对重要概念，就是'强联系'与'弱联系'各自的作用和价值。"

"强联系，如家人和亲密朋友，给予我们的是情感支持和深度的互动，他们在我们的生活中扮演了重要的角色。而弱联系，尽管他们可能不会给我们提供同样程度的情感依赖，却能带来新的信息，拓宽我们的视野，有时还能帮我们开启新的机遇。"

"我开始调整自己的心态，不再过度依赖那些泛泛之交，而是更加重视能够给我正面影响和真正关心我的人，也就是从弱联系中挑选志同道合的人，双向奔赴发展为强联系，而不是平均用力，期待同等的回报。"

"最终，我还是没有竞选成功，但这次经历却成为我的宝贵一课。"

"从那以后，我开始专注于提升自己的能力和发展个人兴趣，而不是浪费时间在无谓的内耗上。通过参加各种课外活动和社团，我找到了自己真正热爱的事情，结识了一些志同道合的朋友。这些都是真正有价值的强联系。这个过程的'副产品'也很宝贵，它让我意识到在人际交往中要学会对自我价值的肯定，而不是盲目追求外在的肯定。"

"所以，小齐需要注意，弱联系有自己的局限。弱联系是简单的交际，如果过度在意，只会害了自己。如果你渴望的是真挚的情感支持和深度的交流，那你需要的是强联系。人类是群居动物，是需要亲密关系的生物。前面说过，有朋友的人会更长寿。准确地说，拥有强联系的人相比孤独的人会更幸福、健康、长寿。当一个人孤独无伴时，免疫力会变弱，也更容易生病。为了不让自己生病痛苦，就要找到好朋友。"秦淮的分享推心置腹。

"搞明白了。秦哥分享踩过的坑让我太受益了。那我怎么让弱联系转化成强联系呢？我的强联系有爸妈，他们会鼓励我、赞扬我，但我又不想把在社会上遇到的困难都说给他们，怕他们担心。"小齐遇到的问题也是秦淮自己的问题。

"有一种思维方式，是以自己为中心，把关系想象成由近到远展开的关系结构，像石子投入水中所溅起的层层涟漪（见图6-5）。所以，我们周围的关系由第一环的家人、第二环的熟人、第三环的朋友构成。这里的强联系囊括了家人、一部分熟人和朋友中最亲近的人。"秦淮又拿起了笔画图。

图6-5 三环与强弱联系

但强联系的定义是模糊的。一个人有可能与父母有嫌隙，熟人也只是打个招呼的交情，那么这些关系是否是强联系呢？一段友谊，从什么时候开始算强联系了呢？一起出去玩儿？互相交换个秘密？一起攻克了难题？

所以，从弱到强要经历一定的过程，涉及时间的投入、共同经历的累积、互相信任和亲密度的增长，最重要的是价值观趋同。

"强联系是自我暴露、循序渐进后的结果。如果你不愿意分享自己的脆弱，总是要保持一个完美的状态，或者认为身边的人过分矫情，那你和强联系这种人际关系估计就没啥缘分了。要有承受能力去适当暴露自己的不足和缺点。这和建立弱联系要发出请求有异曲同工之妙。"秦淮想首先告诉小齐最为有效的方法。

不求完美，提供自我暴露，是形成强联系的前提。

除了对别人自我暴露，另一个建立强联系的方法就是提出高质量的问题。这里的问题不是问对方的近况如何，而是提出真正触及人内心的问题。高质量的触及内心的问题，意味着你给予了对方足够的关注，并进行了深入思考，你把宝贵的时间给了对方。

假如你们共同关注了一部电视剧，你看过剧后表达自己对角色的看法，同时询问对方有什么观点，就非常容易讨论到价值观的层面。这对于强化关系非常有助益。

秦淮用举例子的方式解释："以《繁花》为例，我可以尝试用以下的方式增进和你之间的强联系。"

"首先，我分享给你自己对剧中人物阿宝、李李或汪小姐等角色的理解和感悟。比如，我被阿宝在大时代背景下的奋斗与抉择所打动，或者对汪小姐的纯真情感产生共鸣。我表达出这些个人感受，就是在展示自我内在的一面，让小齐你看到我的内心世界。

然后，我提出问题，好奇小齐对剧情背后的社会现象、人性观察或是艺术手法的观点。比如，'你认为阿宝从青涩少年成长为商界精英的过程中，他做对了什么？'或者'剧中的女性角色，你最为青睐谁？'提出这些问题的同时也将答案共享出来，反映了我想和你讨论，也鼓励了你进行深层次的表达。

最后，通过《繁花》这样的共同话题，我们还可以延伸到现实生活中的经历，将剧中故事与自己的人生相结合，发现生活中的相似之处或差异点，进而加深对彼此性格、价值观及生活方式的理解，就会自然而然地建立起更为紧密的情感联结。

互动式的对话可以增强彼此的信任感和亲近度，因为我们共享了一段思考与体验的过程，我们成为彼此生活的一部分。这正是强联系形成的重要纽带。

这种交流中特别需要注意的是，尊重并理解对方的观点，即使意见相左，也要保持开放和接纳的态度。否则，交流就可能成为争吵，导致不欢而散。

"不过，也可以再反转。如果你发现我们的价值观有严重分歧，那么这种交流也产生了价值，就是发现我们彼此不同，不能成为强联系的挚友，早早发现也是好事儿。"秦淮做出贴心提示。

到这个阶段，你就遇到了对的人。他是你有问题时能够进行求助的人，是你可以肆无忌惮说出隐秘行为的人，是你想发泄对上司的不满时可以倾诉的人，甚至是你攻坚时可以拉到一个战壕的人。这些人就是你生命中强联系的人。

所以，有些人虽然会感觉受到原生家庭的束缚，但并不代表需要对所有的强联系感到失望。你可以去交新的朋友，建立新的强联系。

"之前有提示过，强联系虽然提供了深度交流，但往往很难带来新鲜的观点。如果生活中充满了过多的强联系，可能会让我们对重复的讨论感到厌倦，所以需要由弱联系来填补，但这并不意味着背叛了强联系的友情。强弱联系各有各的作用。"秦淮接着画起了图（见图6-6）。

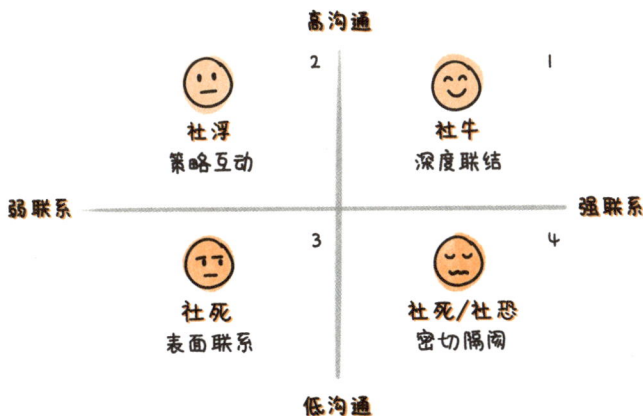

图6-6　沟通和联系

　　第一象限（强联系＋高沟通技巧）的核心词是深度联结。在这个象限内，个体之间建立了强大的联系，且拥有高超的沟通技巧。这通常意味着他们能够有效地交流复杂或敏感的信息，并在关系中保持高度的互信和理解。

　　第二象限（弱联系＋高沟通技巧）的核心词叫策略互动。处在这个象限之内的人，尽管联系不那么强，但高沟通技巧使得个体能够利用轻松的交流方式和策略性沟通来建立广泛的社交网络。这有助于获取新信息和资源，以及进行有效的社交活动。

　　第三象限（弱联系＋低沟通技巧）的核心词为表面联系。这一象限代表的是那些联系薄弱且沟通技巧较低的个体间的关系。这类关系通常是表面化的、非个人化的，难以深入发展或在需要时提供有效支持。

　　第四象限（强联系＋低沟通技巧）的核心词是密切隔阂。此象限中的个体之间有着密切的关系，但由于沟通技巧不足，可能无法有效解决冲突或分享深层次的想法和感受，这可能导致误解和关系紧张。

　　总体来说，社会就是存在弱联系和强联系，从沟通和联系两个维度划分为四个象限，可以建立起来一个认知体系。无论是社牛（第一象限）、社恐（第四象限），还是社死（第三或第四象限）、社浮（第二象限），在这个体系里都能找到所处的位置。

06　监督大使和成就搭档，显著提升成功几率

　　科技的发展，使人通过经济手段满足生存的需求变得简单可行。交友对于忙碌的当代人来说，需要消耗巨大的情绪能量。因此，朋友成了生活中的奢侈品。

　　"既然是奢侈品，那么就需要精挑细选，注重质量。"秦淮盯着小齐的眼睛说，有了评判的意味，语气也冰冷坚硬了一些，让小齐

略感不适。

"那什么样的朋友才是高质量的呢？秦哥认为我是高品质的朋友吗？"小齐毫不避讳地问。

"有利于我们自我提升的强联系有两种，一种是'监督大使'，另一种是'成就搭档'。你可以对号入座看看。抱歉我刚才把'监督'这个词的情绪带到了语气上，对不起哦。"秦淮觉察到了自己的语气导致了小齐的不适，语气柔软下来。他知道朋友交往需要共情对方的感受。

监督大使就是那个会一直盯着你，确保你不会偏离目标的伙伴。研究表明，当你把自己的目标告诉别人，你达成目标的概率就能猛增至65%。这也是为什么提倡在朋友圈晒出自己计划的原因。一旦你找到一个"监督大使"，达成目标的概率还能升至95%。

除了监督大使，还需要找到成就搭档。成就搭档就是那种互相监督、互相激励、共同达成目标的朋友。他们总是在挑战自我，身上自带满满动力。他们不需要"监督"去推动，他们只是想找个人一起把目标推得更高。与其单纯寻找监督者，不如为自己找到一个成就搭档。

那么，监督大使和成就搭档到底有什么不同呢？监督大使更多的是关注过程，确保你认真对待自己的责任，比如你是否按计划完成了健身任务。而成就搭档注重的则是结果，在你向梦想靠近的过程中，他们会着眼于你取得了哪些具体的进步，比如你减肥体重轻了多少。

与单纯关注过程相比，你只有不断地勇敢追求并实现有意义的目标，才能获得实质性进展。找到你的成就搭档，你们可以相互支持，搞清楚当前哪些事是最重要的，并互相鼓励立刻采取行动，没有任何拖延。在帮助成就搭档进一步实现他们的人生目标的同时，你往往也会对自己的目标有了更深刻的认识，进而更加热情地去追求。

审视一下你的朋友圈，看看有没有监督大使和成就搭档。如果没有，是时候更新一下你的朋友列表了。

"请问秦哥，如果已经认定一个人具有被发展成为强联系的价值，那怎么办才能够形成强联系呢？我想找到成就搭子！"小齐刨根问底的精神又来了。

"你的问题是成年人该怎么开始一段友情，继而发展成一对情侣对吧？"秦淮半开玩笑地回问。

"没有没有，就是想进步。"小齐被秦哥问红了脸，忙起身倒水掩饰尴尬。

秦淮连喝几口水后开始做系统解释。

小朋友交友从直接加入一起玩一个玩具开始。成年人的交友就要复杂一些，需要慢慢养成，但分步骤推进也很简单。这个社交秘籍就是多露脸、慢分享、给关心、同经历，然后就会自然而然成为朋友。

多露脸，就是要寻机会频频出现在别人眼前，背后的原理是"多看效应"。越是常见到的面孔，我们越容易对他们产生好感，就像那些总能莫名其妙出现在你生活中的人，他们就靠多露脸悄悄进入了你心里。你本来感觉一般的人，但他总是出现在你视线里或者圈子里，存在感提升了，那么你对他的好感度就会悄悄攀升。反过来，你也可以多出现在想结交的人的视野里或者圈子里，留下存在感。

接下来就要开始慢慢打开心扉，跟对方分享一些自己的小秘密，或者是日常琐事，或者是对事情的看法。这就像玩一场心理小游戏，你先透露一些个人信息，看看对方会不会跟你做同样的事。如果对方也愿意敞开心扉，那你们之间的友情就能迅速升温。不过，过程中别急着一下子把自己的故事全倒出来，需要悠着点，观察对方的反应，别让对方听得不知所措，那就本末倒置了。

相看两悦且有了信息的互换，友谊的小船说翻就翻的阶段就过去了。接下来要想让这条船稳稳地行驶在友谊的海洋里，就要持续用行动送上适当的关心和温暖。这不是说你们需要天天腻在一起，用好了通讯工具，就算隔着几座山、几条河，只要能够适时地给彼此暖暖心，你们的友情也能长长久久。

最后，如果你想和谁成为挚友，就选择支持他们的社会认同，这很重要。你了解他归属的社群，知道甚至参与那个群体的活动，共同投入时间、投入精力，你们有了共同的目标。这就涉及价值观，它是人与人结成紧密关系的底层逻辑。不管你们是不是同一动漫迷，还是有着类似的奇妙经历，甚至是一起为某个项目战斗并共渡难关，这些都能帮助你们成为莫逆之交。

"社交秘籍就是这四个步骤，多多露脸，慢慢分享，适时关心，共同经历。用这四个步骤，结合以下的行动细节，你就是人际交往高手！"秦淮招呼小奇坐到自己旁边，边解释边演示。

他用胳膊肘碰了碰小齐的上臂说："首先，触碰。你有没有被激活了的感觉？有研究说，即使是短暂的肢体接触，也能对我们的观念和关系产生巨大的影响，尤其是陌生人之间。陌生人在社交场合偶然遇到时，就算是轻微、短暂的手臂触碰，也会带来积极效果。当然，这种触觉的交流也需谨慎进行，避免过度接触引起的不适。如果对方快速撒手、躲闪、皱眉或转身离去等，这些或许是一种无声的拒绝，是对方不愿与你走进更深层次关系的信号。"

"其次，模仿行为。在初遇之时，如果你有建立友谊的愿望，那么轻巧地回应对方的肢体语言，便能反映出你内心的善意。比如对方轻点头，你也可以温和点头回应，这种回应会让友谊的花朵有了生长的土壤而迅速绽放。互相模仿的行为成为彼此心灵连接的桥梁，是一种无声却强有力的沟通方式。"

"再次，前倾示好。人们往往会靠近自己喜欢的人，而对不喜欢的人，则会离得远一点儿。双方靠近交谈，表示建立了一种积极的关系。"

"最后，口头助兴。这比简单的点头更能传递情感的共鸣，旨在鼓励对方继续分享他们的心声。口头的鼓励，如'我理解''请继续'等确认以及'是的''嗯哼'等情感联结的桥梁，都能让对方感受到你不仅仅是一个倾听者，更是一个理解者。"

一对一交流中触碰、模仿、前倾、助兴是最好的让友情破冰的方式。

在群体的交流中，也有两种方式会让你和想联系的人的亲密程度更进一步。

一是耳语。例如在会议室，你和相邻的人或者是从背后附在某个人的肩上，特意制造耳语机会，是释放高级别关系搭建的积极友好信号。因为耳语是一种只在心灵相通的人之间才会出现的私密对话方式，这种明显只属于两人之间的秘密，会发出双方是共同体的信号。

二是重点关注意见不同者。想象自己站在众人面前发言，那些点头的听众是你言论的支持者。要想赢得更多人的心，你需要向持不同意见者靠近，用真诚的目光和坦率的话语回应他们。如果他们慢慢开始点头，这便是他们心墙开始倒下的信号。在竞逐过程中，这一策略可以助你一臂之力，让你争取到更多支持，化敌为友。

"多抬头，把眼睛从冰冷的产品上转移一点点到真实的、面对面的交互中。细枝末节的小小回应会迅速消除屏障拉近关系。"秦淮不忘进一步提示，"要想找女朋友，也可以这么操作。"

"哈哈哈，感谢秦哥指教。我发愿早日找到心仪的女生，可我还没准备好呢。内向的人还有个疑惑，我觉得我有勇气在网络上发信息做沟通，反正即使没有收到回复我也没有什么损失，对方也不知道我是谁。我特别怕跟陌生人面对面沟通，因为被拒绝会特别尴尬，会特别难受，会认为自己社交能力非常不好。"小齐灰心丧气地像一只瘪了的气球。

"尴尬一回又如何呢？会有什么后果？"秦淮直视着小齐。

"难受一回、两回、三回，你会增加对尴尬的免疫力。你去沟通交流了，不回应的人说明他们没有缘分与你深交，去找下一个就好了。另一个窍门，请现实生活中的朋友介绍一个现实中的朋友给你，成功率非常高。"秦淮一个步骤一个步骤地给小齐支招。

"和你分享一个投资人结交朋友的路径。当投资人选定了一个领域进行考察时，他会查看这个领域KOL的信息，然后发私信进行联系，和其中一位建立良好的沟通之后，就顺藤摸瓜让他介绍自己圈子里的朋友面对面沟通，成功几率90%以上。这样串联起来，顺着线索能够找到这个领域内的50～100个人去聊。这种方式被称为社交扩列、吃干榨净。只要想办成一件事儿，有无数的方式和方法搞定。"秦淮的分享让小奇脑洞大开。

07　结识大佬，没有想象中那么难

"秦哥，有没有方法可以让像我一样名不见经传的人一步就能结识大佬呢？"小齐的野心被激发了。

"用一个例子告诉你吧。'得到'的创始人罗振宇在分享一本书的时候谈到了'无偿分享'现象。比如，我们每天辛辛苦苦发朋友圈、微博但并不挣钱。于是有人说互联网时代的无偿分享谁都无利可图。"秦淮带着求证的眼神看向小齐。

"似乎是这样呢。现在连世界名校的课程都能够在网上免费看到了。"小齐附和着。

"实际上，免费分享不仅有收获，而且收获的是未来最值钱的东西，叫'资源结构。'"秦淮发挥讲故事的能力来说服小齐。

"有一个小伙子，他运营一个微信公众号，经常要联系行业里的牛人。可他刚大学毕业，哪儿认识什么牛人呢？不过，他照片拍得不错，于是就跑各种论坛，给牛人拍照，然后在微博上@给他。牛人一看，这张不错，于是就找他要原片。再加上勤奋好学，他很快就如鱼得水了。这个时代，怎么通过分享交朋友优化自己的资源结构，已经是一个大学问了。"

小齐听了感觉脑洞大开："这操作可真的超出想象呢！"

"每个人都有可以挖掘的能力点。小齐也想一想自己有哪些可以突破的点来联结头部资源。比如，根据大佬最近的发言动向反向评论，输出年轻人视角的独特观察，到专业论坛中提出有洞察力的问题，参加大佬发起的公益活动……"秦淮头脑风暴地为小齐出谋划策。

小齐的头脑也开动起来："我是3D打印兴趣小组的成员，通过兴趣小组我认识了这个领域内的大V。这也是好途径！"

"是哦！听过'六度人脉理论'吧？就是世界上任何两个人之间最多通过六个中间人就能够联系起来。我们每个人都是一个节点，我们每个人也是其他人的联结点，每个人都可以通过六度人脉理论来找到我们想要的人或物。"秦淮信手拈来的海量知识让小奇震惊。

同时，小齐头脑中生发出之前想都不敢想的信念：结识大佬，没有想象中那么难。

迈出社交的一小步，即迈向成功的一大步。

"秦哥强大！这样看来，弱联系加上强联系的朋友人数众多，身份多样，秦哥管理起来会非常消耗时间和精力吧？"小齐想到通讯录中长长的名单就觉得有压力。

"节约时间和精力的办法是将朋友进行分层并做好人脉标记。"别人看起来非常困难的事情，在秦淮这里都轻描淡写。

"现在我的朋友圈都汇集在微信好友中，所以我就利用微信管理功能对我的圈子进行系统的标记管理。"秦淮将手机的朋友关系演示给小齐看。

"微信的'备注和标签'功能能够对每一位好友进行标记。我分组标记之后发现自己有六组朋友（见图6-7），分别是工作联系圈、政府圈、金融圈、媒体圈、亲属圈和兴趣爱好圈。这六组是根据目前的阶段特性确定的。小齐的朋友圈可能会完全不一样，有可能是同学圈、兴趣爱好圈、工作关系圈和亲属圈。后续你的朋友圈子可能会增加HR行业人脉圈等。"

工作联系圈	政府圈	金融圈	媒体圈	亲属圈	兴趣爱好圈
包括客户、供应商、竞争对手等	帮我更深入、生动地了解国家的宏观政策	此圈子当然重要，钱都在他们那儿	对我打造品牌、应对公关危机有重要价值	让我情绪有安放之地	在俱乐部里建立的友谊比职场上建立的更真实

图6-7 朋友圈强弱联系

每一位朋友可以进行多维标记，可以不仅在一个组里。

要做到更精细化地管理人脉，可以用Excel创建"人脉地图"（见图6-8）汇总朋友信息，做各种维度的分析。

姓名	角色	职业	行业	影响力	地区	亲密程度	黄金人脉圈
刘*/远芳	校友	老师/主任	教育	中	北京/甘肃	中	
李*/米粒	密友	职业经理人/CEO	互联网	强	北京/河北	密	密友
J**/小谭	合作伙伴	编剧	传媒	强	温哥华/上海	密	好友
丁*/彩英	合作密友	策划	传媒	中	北京	密	密友
从	同事	运营/高级专家	传媒	强	北京/哈尔滨	密	好友
付*/重回	老乡	老板	物流	中	保定	中	
任**/Sisi	副业同好	作家	传媒	强	上海/山东	密	密友
何**/灵芝	女儿好友妈妈	画家	文化	中	北京/福建	中	好友
余**/芳	前同事	制片人	传媒	弱	长沙	疏	

图6-8 人脉地图示例

姓名：包含姓名和微信名。这样既方便你正式联系对方时能够非常准确地叫出对方名字，也能够通过对方微信的名称挖掘其价值观。例如，他的微信名字是"上善若水"，你就知道这位朋友内心可能向往顺应自然、和谐友善。

角色：朋友与你的关系定位，如校友、同行、合作伙伴、客户、邻居等。

职业：朋友的具体工作和职务。

行业：朋友所处行业及其影响力所在领域。

影响力：朋友在行业的影响力，分为弱、中、强。

地区：可以分别标记家乡和常住地。

亲密程度：朋友和你的心理距离，分为疏、中、密。

我们对联系人进行各种标记和分组后，管理起来就便捷很多。第一是发朋友圈时可以分组呈现，在不同圈子有针对性地曝光；第二是当你在需要帮助的关键时刻，依照分组名录可以快速找出最有可能解决问题的人脉关系；第三是深度审视自己，看自己的朋友圈是否健康，是否存在某个维度上的重要偏差，可以有针对性地补足，逐渐建立起你的高质量人脉圈。

所谓的高质量人脉圈，一定是和你的目标达成有密切联系的。这个审视过程，需要结合你的强目标来确定。

确定好自己的目标，当你的天使出现在你眼前时，你能够立刻认出他。

假如你想成为一名作家，就需要看看自己的圈子里面有没有同类型作家、出版社编辑、文学经纪人、书评人以及阅读爱好者群体等。这些联系可以提供行业洞见、写作指导、出版机会以及宝贵的读者反馈。

如果你的目标是成为一名企业家，你的朋友圈就应该包括其他企业家、潜在投资人、行业顾问、市场营销专家以及产品设计师等。这些人可以帮助你获得商业智慧、资金支持、市场策略和产品开发的相关建议。

假如你的目标是成为一位艺术家，你的朋友圈就要有其他艺术家、画廊经营者、艺术收藏家、艺术评论家和文化活动的组织者。他们能为你提供创作灵感、展览机会、作品销售渠道和专业评价。

所以，问自己四个问题：

你想做什么？

你为谁而做？

他们需要什么？

因为你，他们有什么改变？

第一个问题是关于你自己的，后三个问题是关于他人的。

以"想成为业余作家"为例来回答上述四个问题：

第一个问题："你想做什么？"这问的是我擅长什么，我能教别人做什么。

我的回答是："我渴望通过写作来探索人性的复杂性，讲述触动人心的故事，分享深刻的生活洞见。"

第二个问题："你为谁而做？"

我的回答是："我的作品主要是为了那些热爱阅读、渴望在书中发现生活真谛和情感共鸣的读者。"

第三个问题："他们需要什么？"

我的回答是："读者们需要新的视角来理解周遭的世界，需要用故事来启发思考和激发想象。"

第四个问题："因为你，他们有什么改变？"

我的回答是："因为我的写作，读者可以获得心灵的慰藉，得到启示，甚至在面对自己的生活时拥有更多勇气和同理心。"

定好人生目标，来盘点自己的人脉。看已有的人脉圈子，有出版过图书的作者吗？有能够指导、提升我写作水平的出版社编辑吗？有书评人能够给自己反馈和指导吗？有阅读爱好者给予自己最真实的反馈吗？

如果没有，就必须行动起来进行搭建。

08　盘点人脉，构建黄金人脉圈

我的人脉搭建渠道有四：一是在同事圈里找之前在出版行业工作的人，通过她了解了图书出版的基本门槛；二是找已经出版过图书的同学，咨询作为作者在出版过程中需要避开的坑；三是参加读书分享活动，结识出版界的牛人，补齐目标朋友圈缺口；四是从网络渠道找与写作主题相关的论坛和小组，浏览大家的见解，选取优秀的人进行联络，为后续书籍出版做准备。

除主动出击联系，确定了目标之后，在信息的茫茫大海中，你能够非常敏锐地发现那条跃出了海平面的飞鱼，并能够用你的网"罩"住它。这条信息在旁人看来可能毫无价值，但对你而言却如获至宝。

目标清晰就像安装了高功率的探测雷达，机会一旦出现，你就能迅速识别出来。例如，听同事在谈论文学节，你马上询问并找机会去实地参加，最终建立大量真实有效的人脉关系。

而且，你有了人生目标，就有了"标签"和"价值"，否则，别人就会用他们的理解来定义你。你先定义了自己，之后自然会持续强化这个标签，直到有一天它坚不可摧，引领你拿到最想要的结果。

"那么问题又来了。无限壮大的朋友圈是不是就有百利呢？并不是。因为每个人可以承担的联系人数量是有限的。英国人类学家罗宾·邓巴（Robin Dunbar）在1992年提出了一个'邓巴数'理论，指的是人类能够维持稳定社交关系的人数上限大约为150人，这个数字就被称为'邓巴数'。"秦淮担心矫枉过正，赶紧给小齐送上补充说朋友圈并不是人员越多越好。

邓巴将社交圈分为几个不同的层次（见图6-9）。

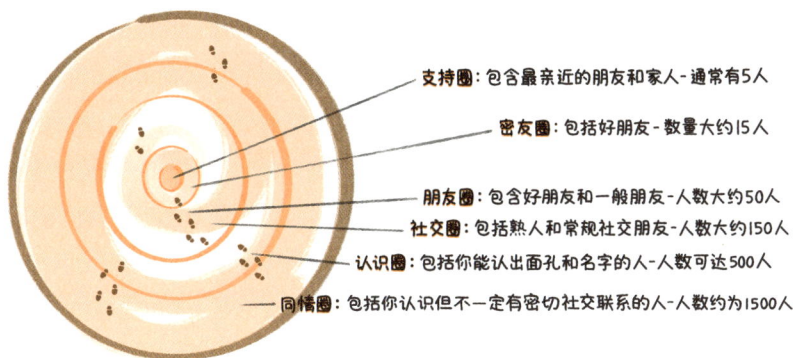

图6-9 邓巴数朋友圈

知名的美国企业家、投资者、商业顾问、社交专家朱迪·罗宾奈特（Judy Robinett）以建立强大的人脉网络和为企业家与投资者之间架起桥梁而闻名。她在邓巴数字的基础上做了进一步研究，提出155人的黄金人脉圈概念，即命友5人，密友50人，好友100人。

"你的朋友圈已经在'人脉地图'的表格中被标签了'疏、中、密'。看这三个维度的数字是否吻合上述社交研究的结果，看你是否需要调整与朋友的疏密关系。"

5个命友：这代表与你最亲密的朋友和家人。他们是你人生的基石。

你和命友，彼此分享生命。你们是彼此的人生伙伴，是超强的后援团。这些人可能是你的家人，也可能是你的挚友或者死党。

你可以半夜给他们打电话求助，你愿意跟他们展示自己最真实的一面，你们会为彼此的优点感到自豪。

这5个人是你生命中的无价之宝。对他们，你要无条件地经常保持联系，哪怕没什么事也要聊聊，聊天的内容不那么重要，关键是要让对方知道你在乎他们。

你跟他们的关系，不是为了工作上的指导，而是为了情感上的交流，而且你肯定能收获加倍的感情回报。

50个密友：这组人包括你的核心人脉，他们在商业、职业或个人成长方面对你至关重要。这些人是你所在领域内的领导者和决策者，能够对你的目标有直接的正面影响。

这50个人有强烈吸引你的地方，可能是你喜欢他有能力（这往往是排名第一的原因）、可能是他的专业与你相似、可能是你们个性相似、可能是他有智慧。你想和这50个人走得更亲密从而提升自己。

对于他们，你要努力寻找机会为他们创造价值，相互的价值给予才能够让关系得以继续。

问问自己，什么对他们重要？时刻关注他们，为他们收集有用的资源。

你们的联系频率至少每周一次，比如微信点赞、微博私信、喝喝咖啡、约着一起运动等。

100个好友：这代表你较广泛的人脉网络，可能包括过去的同事、校友或业界同行。这些人可以为你提供新视角、信息和机会。

对于这100人，你不希望自己只是对方通讯录上的一个名字，你希望能更多地了解他，也让他有机会更多地了解你。

你们相互之间可以成为对方的生活方式供应商，这是简便又有效的互动方式。简单说，就是你们相互之间能够兴致勃勃地分享生活方式，你告诉我一种前所未闻的服务、一家好吃的新餐馆、一本好书，我推介给你一部好电影、一套好用的化妆品、一款好的电子产品。

这样的交往有两重含义：第一，你们都活得兴致勃勃，不断地去探索新世界，相互之间能够带来激励；第二，推荐好东西的互动让交情和信任持续加深。所谓朋友，不见得非要交换利益和道理，交换视野和变化也算是良师益友。

你至少每个月要与好友联系一次。节日、生日以及与他相关的重大事件发生时，你一定要和他联系，并随时考察这100人里哪些人值得进入50人的名单。

朋友的圈层是处于动态变化之中的。昨天是你50人密友圈中给予你价值提升的人，今天可能下降到100人好友名录中。因为你自己提升到新的高度，有了更为睿智的人相互提携。

密友50人和好友100人，会根据你的短期目标和工作、生活状态的变化，50人中的某几位可能会调整到100人里，100人中的某几位可能会升级到50人里。

另外，非黄金圈里的联系人有值得破圈进入的吗？是否有需要结合自己的更新目标激活冬眠的关系，将他拉入黄金圈来？

你刚好在为新出现的某个问题而烦恼，他一出现，说了某句关键的话，给出了有见地的指点，你深受启发或者如释重负，那么，请你果断将这位新出现的人纳入自己的黄金圈。

这就是战略化地管理人脉资源。

战略的人脉，是动态调整的人脉。动态调整人脉，一定有人变得更为亲近了，但也一定有人变得更为疏远了。

体面地与老朋友告别，同时要坚决地避开损友。

你圈子里的某个人，遇到事情就开始吐槽、叹息。每次沟通，你觉得自己不由自主地被带到灰暗地带，自己也成了叹息之人。自己的精气神就像气体从气球中排出一样被无情地耗散了。这样的朋友，你要马上坚决地离开。

你可能会问："这样一来，是否会错失很多本来能够成为朋友的机会？因为人是会改变的啊，他可能会变好。"

是的，人确实会变好，但是已经与你无关了。要知道，可交往的人很多，而你的时间和精力只能维持少数的几十个。这种笨办法避免了在朋友关系上出现无底洞。不知道止损的投资者注定是要倾家荡产的，在和朋友的关系上也是如此。

不知道修剪、割舍朋友圈的人，还可能会影响自己的前途。

我曾遇到过一位非常不成功的老板。他当年是一个专业能力颇强的新锐。因为他做事情无私心，老局长很喜欢他，就提拔了他。这位老板是一个"好好先生"，对所有部下一视同仁，他自己觉得这很公平。但是不到两年，所有能干的部下全跑光了，他手下剩的都是平庸之辈，他一点业绩也做不出来，于是不得不灰溜溜离开岗位，因为局长对他也失望了。他不成功的原因就是无差别地对待了所有人。

一个人因为交往的带宽有限，不可能和所有人交情都很深。一个表面上对所有朋友一视同仁的人，实际上是很难有至交的。

贯通人的一生来看，因为你吸引了不同的好朋友介入而意气风发，也因为你离开损友而涨了见识。

好的朋友是巨大的财富，而损友则是巨大的负资产。避免结交损友，就是不要给损友第二次机会，永远不再来往。

要想让自己获得成长，就要果断出手，修剪自己的人脉圈。

09　串联者，人脉的磁铁

有人发现，自己相识的人有一天再次出现时，被众人簇拥着，呼风唤雨。然而，自己还依旧无足轻重。

真相来了。你之所以是"小人物"，因为你处在小人物的圈子里。

每天都和小人物打交道，时间长了，你也就变成了一个小人物。

当你开始抱怨命运不公的时候，如果你能将目光投注在自己身上，你就会发现，问题的关键并不在于老天有没有帮你，而是你自己的选择决定了你自身的状况。

所以，从自己的朋友圈入手，将圈子培植成能够让自己茁壮成长的沃土。

在你决定与谁同行时，也是在选择自己未来可能会到达的高度。

人脉高手是社会中人人羡慕的对象。他们有贵人相助，他们能够心想事成，他们可以呼风唤雨。

但是，不要把人脉高手的人际关系看作理所当然，关系需要培育。要实现战略化管理人脉，就要"澄清概念"，将自己计划要成为"人脉高手"改为成为"给予者"。这样你成功的概率要高出百倍。

真正的社交，是要不断给予：给予时间的投入，给予关心的互动，给予价值的回报。这样在你的人脉圈里会形成一股向上的螺旋力量，像能量巨大的暴风眼一样会托举着你向上。

你的朋友们会多大程度上努力地支持你，为你冒多大风险，这取决于你能够提供多大的价值。

"建立强大的人脉，不需要你成为社交专家，只需要你成为专家。"秦淮用这种接地气的方式给小齐翻译、强调在交朋友中自己有多少能量的重要性。

说白了，现实无情。除"命友"之外的人对你的青睐，归根到底是看你有多大"价值"。价值越高，想和你打交道的人也越多。即使碰到倒霉时光，也会有更多人伸出援手。失去价值，有些朋友会离你而去。

"秦哥，你说的成为专家需要假以时日，且 HR 入职培训就是讲公司制度和文化，成为程序员或者工程师级别的专家似乎很有难度。我好像永远成不了专家呀！这该怎么办呢？"小齐忧虑重重又殷切期盼地说。

"要成为众星捧月的人，另一个办法是盘活你的 155 人甚至进一步扩展的人脉，成为那个'高中介中心性'的人。还记得之前说到的这个拗口的定义吗？"不等小齐作答，秦淮拿起笔又画出图来（见图6-10），从自己的故事包中掏出事例来说明。

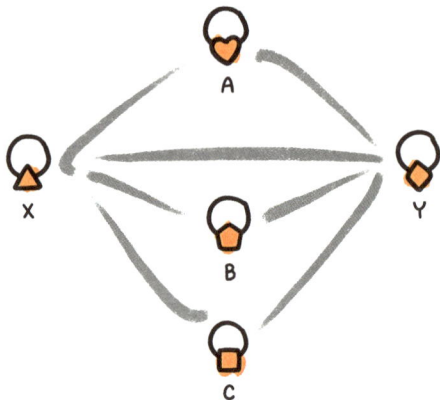

图6-10　人脉串联

一位咨询师X分享她如何做高中介中心性的人。X在分享会上认识了同为主讲人的A老师，得知A正在找用户调研团队做市场分析，于是X沟通猎头行业的B问是否知道用户调研公司的牛人，B介绍了用户调研专家Y给X，X将A和Y"串联"起来，解决了问题。

不久之后，专家Y的客户C需要为公司找咨询师，Y马上将X与C作了串联。

这个过程中，X加深了与老朋友的联系，还收获了Y和C两位新朋友。

朋友的价值，在于你和他共同创造出了新价值。

你的人脉和他的人脉向不同方向和空间辐射，串联后，你们有更大的交集，不同的交集也在继续向不同方向和空间辐射。这就是人脉结合产生的"核爆现象"。

串联者贯穿在不同领域和文化之间，创造新的信息链、新的关系、新的入口，串联者引发了核爆。

串联者，是人脉的磁铁。

"超级感谢秦哥的倾囊相授！我来总结一下，秦哥看我吸收的如何。"小齐所有的与朋友相关的问题似乎都有了解答。

人脉打造，要三步搞定。

第一步构建人脉，是塑造、提升和意识到自我的价值。没有自己的"价值"，只社交没有意义。自己强，朋友也强。

这个价值，既可以是专业能力处于"特牛"的头部价值，也可以是在人际网络中成为串联的中介者的价值，也就是成为"高中介中心性"的人。

第二步经营人脉，是放大价值指数。就是找到和自己最匹配的社交圈，并在圈内建立信任。

这个过程中，需要积极参与圈内活动，贡献想法和资源，形成互帮互助的良性循环。要成为那个朋友提到某个话题或需要帮助时能够想到的人，从而让自己的存在变得不可替代。

第三步维护人脉，是多层次处理关系。不用统一的标准对待所有人，对不同的人给予不同的待遇。

动态搭建人脉圈，让已稳固的关系更为亲近，但也要果断避开损友，让自己能够经常在朋友交流中吸收到更多养料。

"全方位领悟呀！我仿佛能够穿越时光隧道，看到未来小齐的人生会多姿多彩、心想事成、达济天下，圆满！"秦淮冲着小齐竖起大拇指，眼中透出无限欣赏。

"不过，要借用你曾经提到的话，懂得道理不一定过得好这一生。你看一下我们的周围，"秦淮环视着咖啡厅："90%的人在低头刷手机。"

即使我们知道拥有朋友如此宝贵，但也挡不住如今个体日渐孤独的走向。

我们表面上聚在一起，实质上没有什么生命交流。

餐桌上各自刷着手机，床榻上分别端着平板电脑，电梯里没人主动打破尴尬交谈，日本社会学家三浦展把这种变迁描述为"孤独社会"。

孤独社会的特点是"搜索性关系"，没有所谓的情投意合，只有各种条件下搜索后所得出的综合结果；而人与人之间所谓的宽容，也不过是一种伪善。

我不骂你，但我也不关心你。

这和我们前面交流中说到的顺序相反，人们正从强联系向弱联系进行转变。这可以解释生活中的很多现象。

比如，小型手工艺品商店，一开始依靠的是与当地社区居民建立强联系来维持生存和发展。店主了解每位顾客的喜好，提供个性化的服务，建立起一种亲近和信任的关系。

然而，商店通过网络销售而逐渐扩大，客户群体不再局限于本地。店主为了追求更大的销量，通过标准化的产品和服务来迎合市场的广泛需求。于是，原本与顾客之间的强联系就逐渐变成了弱联系。

在这个过程中，原有的忠实顾客可能会感到失望，认为商店失去了它的独特魅力。

某种意义上，我们都沿着这个既定的路线，想要在强联系中起航，但都是在弱联系中成长，最后在孤独中消亡。

格兰诺维特1973年底的弱联系研究早已宣告：一个人若是失去强联系，对学业和事业上的成就不会有太大的影响。

这是社会的进步，还是社会的悲哀呢？

10　成为美妙邂逅的起点

秦淮从知识性的传授进入情绪的境界，他有时候也觉得茫然，但是，他更想给予这个世界温暖。

"有一天，我被邀请参加一位朋友的生日派对。我注意到一位离开人群安静地坐在角落的先生，便走上前去与他交谈。他告诉我，他曾是一位旅行家，走遍世界许多角落，但却因为一次意外事故永久地失去了再次踏上旅程的能力。现在他正在艰难挣扎着梳理过往的旅行资料，准备结集出版。每一次翻看资料激起的回忆都是煎熬，但他挣扎着继续。他说，自己不想就这样放过自己。他言谈举止间溢出来的有遗憾，也有释然。那都是我从未见过的色彩。在他的故事中，我看到了一种坚韧和希望，这种感染力超越了语言所能表达的。所以，即使后来被朋友招呼离开了他，但眼光还是会不由自主地扫向他的位置。派对结束，我看到他和朋友说了再见，然后特意穿过人群跟我说了声谢谢。我知道，因为在那一刻，他的故事被人看到了。"秦淮低了声音，娓娓道来，像是不愿意从那个派对的氛围中走出来。

我们每一个人的故事都被如此精心、用力地书写，却常常羞于被人看见。强联系就是让那些最美妙的故事、最转瞬即逝又动人心弦的情感有了托付，就像是一个人拥有了特权，被容许进入另一个人心里最不为人知的角落，体验了一段别人的人生。

为了世上美妙的故事能够被更多地听到，我们应当努力去重新联结那些久违的强联系。我们需要积极地寻回生活中的深度对话、真实的互动和持久的关系。

虽然功利主义可能更看重效率、成果和利益最大化，但这并不能完全取代人与人之间的真挚情感与深厚的联系。

社会的进步不仅仅体现在物质层面，更多体现在人类如何赋予生命意义，保持人文关怀和温暖的情感联结。

强联系是人与人之间无形的桥梁，让我们的故事得以流传，让我们的生活不再是单调的重复，而是连续的、充满色彩和温度的交流。打破手机和电子屏幕的束缚，去拥抱现实生活中的那份真实、那份感动，并与世界分享。这或许才是社会真正的进步。

一个人触摸一台手机时，感受到的只有凉意，而当一个人触摸另一个人时，才是一个故事真正的开始。毕竟那些 iPhone、iPad、Macbook 都是流水线生产的，而正在使用这些设备的每个人，才是全世界仅此一个的灵魂。

多转移一点点的注意力到面对面的温暖中，会是美妙的存在。

一起，成为难忘邂逅的起点。

从此，我们的故事就不再是一个人默默地品味。

"感谢秦哥的故事，感恩有你。我知道我选对了朋友！"小齐放低声音，一字一句真切地说了出来。

"嗯，有你真好！"秦淮嘴角上扬，阳光灿烂。

后　记

有你们可真好，我的读者朋友们。

在文字中徜徉的你，坚持到了最后，已经是一个理想中的自我。

一个一个的理想叠加着实现了，财富也会聚集而来。

为什么在最后才提到财富？因为金钱受吸引力法则的作用，财富是成就和努力的自然结果。

当你花心思去构建人生的每一块拼图时，金钱也会慢慢向你靠拢，如同铁屑被磁铁吸引。因为个体自洽、关系练达，财富也会自然而然富集而来。

理想中的自己＝聚集财富的自己。

个体自洽的你，可以将时间管理、能力开发、身心健康的心法总结出来，在传播中获取价值回报；关系练达的你，家和万事兴，职场一路开挂，朋友提携相助，金钱会爱上你。

你，可以有自己独特的积攒财富、成就自我的公式。因为，公式不是僵化不变的教条。它们是活生生的，随着每一个独特的人的知识累积和环境变化，是可以增减调整的。

在得意的时候，自己的公式可以复杂交错，可以加减乘除甚至平方，因为你有足够的能量把持住。

在失意的时候，自己的公式可以简化精炼，例如身体有恙时减少锻炼强度，因为你少了可以控制能量的心力和体力。

但，放眼人生，一定要有自己的人生公式。

它们既是智慧的结晶，也是使我们在不断变化的世界中保持方向、提高效率，并最终实现自我超越的法宝。

感恩包括你在内的每一位，帮助我在创作中一遍一遍学习着，清晰了自己的公式。

学习，是我们终其一生都要进行的事。环境的千变万化，迫使人们不断进步不断适应。与其被动学习，不如主动迎接挑战，主导自己的学习之旅。

在写作本书的过程中，我就是在不断地学习。

学习如何统整碎片化的心得，学习如何留意身边的可用事例，学习克服难题坚持每天都能有一点点的进展。

这里要感谢每一位在背后支持我的朋友。

有相约了写作出关后要大餐一顿的友人们，你们的邀约是鞭策我时刻将这一艰难的写作事件坚持向前推进的动力。

感谢出版社责任编辑对我悉心的指导，让我在写这本书时少走了很多弯路。

感谢为我的书写推荐语的每一位老师。你们阅读此书花费的宝贵时间以及言辞恳切的推荐语是给予我的无价礼物。

最最最重要的是感谢我的家人。我先生刘保军的担当，让我完全从家庭事务之中抽身出来；宝贝女儿刘亦佳（Anna）的自立能够让我心无旁骛地聚焦写作，每一次和宝贝的畅聊都给了我无限的动力。你是我活出精彩人生的原动力。

刘亦佳还是本书手绘插图的创作者。谢谢你有力的支持！爱你，我的宝贝！

特别要真挚感谢的，是有缘阅读此书的每一位读者。虽然书中的职场主角皆为化名，但仍期待每一位读者受益，都获得人生"开挂"的密码，期待有缘来到世界的我们都可任由自己在地球这个大舞台上，飞天空穿云破雾，潜深海与鱼儿共游，在人群识智慧和美好。

我们一起不浪费每一种感受，不畏惧每一次冒险，不留下悔恨的遗憾。

加入我们，来一起共进，闯荡世界、享受人生。

享受人生，目标没有达成也能够开心，因为你在经历的过程中也有众多收获。人生不就是来世上做各种体验吗？

享受人生并非神话，因为所有的难题，在某一位过来人的世界里都已经有解，且轻松有解。所以走出小世界，进入大世界吧，帮你看到不一样的可能。

犹豫的时候，就闭着眼跳进这个流动的社会，成为某些美妙邂逅的起点，或许会胜过因害怕犯错而始终保持沉默的傲慢。

人生，潇洒走一回！

一起来创造出我们想要的人生吧！

参考书目

[1] 凯丽·D.洛伦兹.绝对掌控［M］.孙文龙，译.杭州：浙江教育出版社，2023.

[2] 伯恩·崔西.高效率工作手册［M］.何华平，译.北京：机械工业出版社，2022.

[3] 詹姆斯·克利尔.掌控习惯［M］.迩东晨，译.北京联合出版公司，2019.

[4] 欧文·D.亚隆.成为我自己［M］.杨立华，郑世彦，译.北京：机械工业出版社，2019.

[5] 马丁·塞利格曼.认识自己 接纳自己［M］.任俊，译.杭州：浙江教育出版社，2020.

[6] 侯小强.靠谱：成为人群中的前5%［M］.北京：台海出版社，2022.

[7] 夏萌.你是你吃出来的［M］.南昌：江西科学技术出版社，2017.

[8] 陈海贤.了不起的我：自我发展心理学［M］.北京：台海出版社，2019.